김영란원장의
마더스쿨

육아에 지친 엄마들에게 유아교육 현장에서 전하는 생활의 힌트

김영란 원장의 마더스쿨

지은이 | 김영란

펴낸곳 | 북포스
펴낸이 | 방현철

편집자 | 이현정
디자인 | 엔드디자인

1판 1쇄 찍은 날 | 2017년 6월 22일
1판 1쇄 펴낸 날 | 2017년 6월 29일

출판등록 | 2004년 02월 03일 제313-00026호
주소 | 서울시 영등포구 양평동5가 18 우림라이온스밸리 B동 512호
전화 | (02)337-9888
팩스 | (02)337-6665
전자우편 | bhcbang@hanmail.net

이 도서의 국립중앙도서관 출판시도서목록(CIP)은 e-CIP 홈페이지(http://www.nl.go.kr/ecip)와 국가자료공동목록시스템(http://www.nl.go.kr/kolisnet)에서 이용하실 수 있습니다. (CIP제어번호: 2017013957)

ISBN 979-11-5815-008-2 03590
값 15,000원

육아에 지친 엄마들에게
유아교육 현장에서 전하는 생활의 힌트

김영란 원장의 마더스쿨

| 김영란 지음 |

북포스

나는 내가
아픔을 느낄 만큼 사랑하면
아픔은 사라지고
더 큰 사랑만이 생겨난다는
역설을 발견했다.
마더 테레사

부모 효능감을 올려줄 친절한 안내서

— 전유영(아주대학교 교육대학원 유아교육 전공 주임교수)

교실에 앉아 있던 김영란 원장의 석사과정 때가 떠오른다.

앞자리에 앉아 나와 열심히 눈을 맞추고 고개를 끄덕이던 진지한 태도와 열정적으로 발표하던 모습이 매우 인상적이었다. 게다가 후배들을 위해 세미나에서 강의할 때도 부모 교육의 실례를 소개하며 열정에 차 있던 표정에서 깊은 진심과 감동이 느껴져 오랫동안 박수를 쳤던 기억이 난다.

매사에 열심이 돋보이던 그녀가 〈마더스쿨〉이라는 책을 쓴다고 하니 어떤 내용일까 무척 궁금해졌다.

유아기와 아동기의 두 자녀를 키우는 워킹맘으로서, 유아교육 전공자의 눈과 자녀를 둔 엄마의 마음을 지니고 읽어 내려가 보았다. 유아교육 교수라도 이론과 실제의 괴리가 왜 없겠는가? 너무 많다. 책과 생활, 이론과 감정은 천양지차일 때가 많다. 뿐만 아니라 과거에 가족이나 친지, 이웃으로부터 받던 사회적 지지가 줄어든 현대사회의 어머니들은 얼마나 더 많은 고민을 하면서 오늘도 아이들과 씨름하고 있겠는가? 그 노고와 혼란을 정확히 알고 토닥토닥 다독여줄 멘토 하나가 절실할 때가 있다.

　부모 역할에 관련되어 출판된 책이 많지만 이 책은 딱딱한 이론만 강조하는 책도 아니고 소소한 실제만 제시한 책도 아니다. 오랜 시간 현장에서 아이들과 교사, 학부모들과 부대끼고 상담하며 얻은 구체적 상황에다 유아교육 이론을 잘 스며들게 하여 이야기가 쉽게 흡수되면서도 확신에 차 있다. 그의 조곤조곤하고 상냥한 말씨를 닮았다.
　수많은 육아 정보의 홍수에 휩쓸리느라 혼란스러운 어머니들에게 바람직한 방향을 제시해줌으로써 좋은 부모로서 효능감을 높일 수 있도록 용기와 신념을 갖게 하고 자기 역할을 성공적으로 수행할 수 있도록 친절하게 안내한다.
　이 세상에 완벽하게 준비된 채 부모가 되는 이들은 없을 것이다. 성숙한 부모가 '되어 가는' 여정에서 헤매거나 휘청거릴 때 이 책은 가야 할 방향을 제시하고 실천가능한 해법을 안내하면서 다시금 용기와 실천력을 높여줄 것이다.

　유아교육 현장에서 헌신하며 열정과 전문성을 겸비한 저자처럼 부모 역할을 함께 고민하는 이들이 있어 이 세상에 행복한 부모와 자녀들이 더 많아지리라는 희망을 갖게 된다. 아울러 앞으로 출간될 스쿨 시리즈에도 많은 관심과 기대를 모아본다.

아이의 지상 천사께 띄우는 러브레터

아이들을 보면 금세 마음이 환해진다.

다가가서 말 걸고 싶고 하는 일에 상관하고 싶다.

아파트 앞마당에 엄마 앞서 뛰어가는

한 아이의 머리 위에 햇살이 반짝인다.

저만한 삶의 기약과 기쁨과 희망이 또 어디 있겠는가.

— 김용택

책을 내겠다는 상상조차 못했던 내가 첫 번째 에세이에 이어 두 번째 책의 머리말을 쓰고 있다. 이게 다 20년 전부터 쓴 미래일기의 자기장 때문일까? 일기에 쓴 날짜보다 앞서서 책을 내게 되어 신기하고 대견하고 또 감격스럽다.

'아이들이 하는 일에 상관하고 싶은 마음!'

아이들을 태운 봉고차 스노타이어에 체인을 끼우며 언덕을 올라가고 다시 체인을 빼내던 초창기의 겨울이 생각난다. 20년 넘게 원을 운영해오면서 내 속에는 아이들과 늘 상관하고 싶은 마음이 움직였던 것 같다. 그간에 아이들과 선생님들 또 학부모님들과 겪은 나름의 느낌과 체험, 현장에서 얻은 소신들을 이 책에 담아 나누고자 한다.

엄마가 처음인 엄마, 육아에 지친 엄마, 더 효과적인 육아법들을 찾는 엄마와 유아교육기관 관계자들에게 작은 힌트가 되었으면 하는 바람으로 틈틈이 모았던 메시지들을 띄워 보낸다.

아름다운 지구별로 이주한 천사들과 그 천사들을 돌보는 지상의 천사 어머니들께 러브레터를 쓰는 마음으로 썼다 지우고, 고르고 뽑은 이야기들이다. 세상의 모든 아이들이 행복하게 성장하도록 돕는 사람의 사명감으로 엄마들에게 전하고 싶은 이야기를 4교시로 나누어 담았다.

1교시 오리엔테이션에서는 집에서 실천 가능한 엄마들의 육아행동 지침을 소개했고, 2교시 이해 엄마 되기에서는 아이들은 모두 다르다는 것, 남다른 아이들을 이해하고 포용하며 아이의 성장발달에 적응하는 엄마의 사례들과 연습을 담았다.

3교시 거울 엄마 되기에서는 '아이의 거울이자, 자아'인 엄마가 취해야 할 언어, 칭찬의 말, 상황과 사람에 대한 반응, 삶에 대한 마음자세 등을 다뤘다. 여기에다 나의 유년시절에서 얻은 지혜도 모았다. 아이의 첫 번째 교사와 첫 번째 학교인 엄마와 가정의 역할을 다시금 조명

해보고자 한다.

4교시 가족들의 실천편에서는 아빠와 부부, 형제자매들이 가정에서 애착을 쌓을 수 있는 방법들과 함께 지켜야 할 식습관과 생활습관도 짚어봤다. 지속적인 실천을 위해 '5기 있게 4정하는' 부모가 지켜야 할 십계명도 정리해봤다.

매 수업이 끝나는 쉬는 시간에는 원에서 해봤던 작은 이벤트들을 모았다. 부록에는 가재도구를 활용해 가정에서 손쉽게 할 수 있는 10분 놀이 24가지를 사진과 QR코드를 곁들여 설명했다. 책과 함께 자주 활용하는 동안 가정에 웃음꽃과 이야기꽃이 가득했으면 좋겠다.

아울러 끊임없이 찾고 배우고 강의하는 교육자로서 엄마들에게도 유익하리라는 마음에 추천도서를 담았다. 참고하시고 아기 천사들을 잘 인도하는 등불로 삼으셨으면 한다. 이 책에 나오는 아이들의 이름은 개인 정보 보호를 위해 가명으로 기록했음을 밝혀둔다.

이제 활짝 열린 마더스쿨로 지상의 천사, 엄마들과 온 가족들을 두루 초대한다.

봄꽃이 환한 안산에서
김영란 드림

| 차 례 |

1교시 초보 엄마를 위한 오리엔테이션 __

넌 친절하고, 똑똑하고, 소중한 아이야.

영화 〈헬프〉 중에서

•••

수많은 남자들이 열변으로 성공하지 못하는 일을
한 여인의 친절은 해낼 수 있다.

셰익스피어

•••

초보 엄마를 위한
오리엔테이션

#키워드: 자존감 갤러리 / 5분 교사 / 감사인형놀이
미리미리 바구니 / 개근 / 습관 / 사회성

아이의 자존감,
작은 갤러리에서부터

자존심: 남이 나를 인정해주길 바라는 마음

자존감: 내가 나를 기꺼이 인정하는 마음

"원장님, 항상 작은 소리로 웅얼거리는 우리 아이, 웅변학원에 보내면 어떨까요? 아무래도 지금보다는 자신감도 생기고 발표도 좀 하지 않을까요?"

낯선 사람만 나타났다 하면 엄마 뒤에 숨는 아이, 어른과의 대화를 피하는 수줍은 자녀를 둔 부모는 남 앞에서 자신 있게 말하는 당당한 아이로 바꾸고 싶은 마음에 이런저런 상담을 요청한다. 때마침 조기 교육이 필요하다고 믿는 학부모들의 수요에 맞춰 교육적 공급도 획기적으로 늘어나고 있는 실정이다.

그.러.나. 결론부터 말하자면 웅변학원 가서 배운다고 없던 자신감이 하루아침에 솟아나거나 숨었던 발표력이 갖춰지는 건 아니다. 아이의 성향에 따라 돈값을 못하는 경우도 허다하고 비싼 수업료를 치렀구나 싶은 허망한 시도의 쓴맛도 보게 된다.

가정에서, 일상에서 그리고 사소한 것에서부터 아이의 자신감과 용기를 키워주는 저렴하고 효과적인 비법이 있다. 집에서 아이를 독려하는 비법으로 강력 추천하는 하나가 바로 조촐한 전시공간이다.

아이가 원에서나 집에서 뭔가를 만들거나 그렸다면 그 작품을 전시할 공간을 마련해주십사 권한다. 거실이나 현관, 아이의 방 등 어느 장소를 막론하고 작게라도 어린 아티스트의 창조물을 집게로 집거나 벽에 붙여서 전시해보시라. 이때 가족들이 협력해줄 것은 그저 무한한 칭찬이다.

"너, 이게 뭐야. 무슨 집이 이렇게 생겼어?"

핀잔이나 비교, 기죽이는 말은 금물이다. 속단이나 재단 또한 엄금이다.

"와, 우리 지율이가 생각한 집은 이렇구나. 어떻게 이렇게 뾰족한 지붕을 그리려고 생각했어. 아이디어 너무 좋다! 엄마는 생각도 못해봤는걸. 엄마도 이런 근사한 집에서 살고 싶다…."

고래도 춤추게 하고 바보도 천재로 만든다는 칭찬 한마디에 아이는

'내가 우리 식구들한테 존중받는구나, 이건 내가 좀 잘하는가 봐?!' 하고 어깨가 으쓱해진다. 아이도 오며가며 전시물을 보면서 '와, 내가 저런 것도 했어' 하고 뿌듯한 마음과 성취감을 갖게 된다. 동시에 고정관념을 뛰어넘는 실험정신과 창작열 또한 꼬물거린다.

얼마 지나지 않아 집안에는 무아지경으로 신이 난 예술가의 결과물이 많아져 정리해야 할 때가 다가온다. 청소나 정리정돈을 중시하는 엄마들은 간혹 원작자 또는 저작자의 의견도 물어보지 않고 작품을 버려버리고 싶어진다. 후다닥 치워야 한다는 강박, "이게 뭐야, 아이 지저분해" 하고 쓰레기통으로 던져 넣고 싶은 본능을 지그시 누르고 먼저 작가한테 허락을 구하자.

"네가 그동안 만든 작품이 이렇게 많아서 조금만 정리했으면 좋겠는데, 이 트럭은 이번에 다른 데 치워도 될까? 아니면 이제 버렸으면 좋겠는데 어떠니?"

"아니야, 나 이거 계속 볼 거야. 진짜 갖고 싶은 거거든."

그럼 연장 전시에 들어가도록 배려해야 한다. 반대로 금세 싫증을 내거나 흥미를 잃은 아이의 응답은 이렇다.

"응, 집은 됐어. 다른 걸 새로 만들었으니까 그건 버려도 돼."

작은 것 하나라도 아이의 의견을 먼저 구하는 일, 그 의견을 따라주거나 조율하는 일은 자존감 형성에 매우 중요하다. 어려서부터 부모에게 존중받은 아이가 남도 존중할 줄 알기 때문이다. 부모의 존중 속에 스스로 자기를 존중하는 마음이 커져서 '나는 훌륭한 사람, 나는 가치 있는 아이'라고 여기고 그 생각대로 성장할 수 있다. 어떤 일이든지 도전하고자 하고 용기를 낼 줄 아는 아이, 좌절을 견디고 일어서는 아이로 변모할 수 있다. '생각이 팔자'라는 속담은 만고의 진리이기에.

  아이가 크는 동안에는, 즉 유아교육기관에 다닐 때까지는 집이 너무 깨끗할 필요도 없고 그게 사실 가능하지도 않다. 현관문을 열면 아이의 분유 냄새, 빨랫감, 장난감, 옷가지들, 뛰는 소리, 웃음소리가 분분한 게 정상이고 사람 사는 모양이다.

  게다가 아이들은 자꾸 벽에 낙서를 하고 싶어 한다. 아이는 한시도 쉬지 않고 재미를 찾고 즐거움을 만들어내는 존재이기 때문이다. 그 무한 낙서본능을 어른들은 막아보려고 하지만 타고난 예술성이 터져나오는 것을 어느 누가 막을 수 있겠는가. 특히 둥글고 기다란 것을 좋아하는 아이들에게 사인펜이나 색연필만큼 좋은 장난감과 예술도구는 없다. 그리고 묻히고 칠하고 싶은 마음과 욕구를 충족시켜줘야 한다.

  집의 벽면 하나를 마음껏 그리고 지울 수 있도록 공간을 하나 만들어주시길. 아이의 눈높이에 맞도록 낮춰서 벽에 화이트보드를 걸어주거나 신문지나 전지를 붙여줘도 된다. 스케치북처럼 계속 다음 장에 그리면서 작품의 과정과 추이를 볼 수 있으면 더욱 좋다. 아이는 끊임없이 종알종알 그리고 그림과 대화한다. 빈 공간을 채우고 다음 장을 넘기며 자신만의 작업에 열중하는 아이는 정서적 안정과 함께 밝고 즐겁게 생활할 수 있다. 어린 아티스트에게 자유로운 발표 지면과 공간을 허락해주시라.

남의 기준에 휘둘리는 자존심보다 나의 기준을 따라가는 자존감을 강조하는 시대. 고대제국 로마처럼 자존감 또한 하루아침에 이루어지지 않는다. 영유아기 때부터 길러진 자존감으로 잘 다져진 아이가 나중에 자기의 일이나 인생에서도 성취하는 사람이 될 수 있다. 부모의 기대가 클수록 아이의 자존감을 길러주시길. 그런 아이는 왕따가 되지도, 왕따를 만들지도 않는다. 자존감은 부모가 아이에게 심고 남겨줄 위대한 유산이다.

Take Five:
길어야 5분, 바빠도 5분

    홑벌이로는 영 빠듯한 세상이다 보니 맞벌이 가정이 늘어나고 있다. 부모의 출퇴근에 따라 엄마나 아빠가 아이를 유아교육기관에 맡기고 출근하고 퇴근해서 데려가는 가정이 많아졌다.

    퇴근 후의 풍경을 살펴보자. 엄마는 출근 때만큼이나 이리 뛰고 저리 뛰어야 한다. 퇴근하자마자 부엌으로 직행해 저녁 준비하고 방방마다 정리하고 치우느라 잠시잠깐 앉을 새가 없다.

    반면 원에서 돌아온 아이, 퇴근하는 엄마를 기다리던 아이는 오늘의 뉴스가 너무나 많다.

    "엄마, 유빈이가 나하고 같이 안 놀아줘서 속상했어. 엄마, 나 오늘

넘는 거 잘한다고 체육선생님이 칭찬해줬어… 엄마….”

줄줄이 사탕처럼 나오는 엄마, 엄마에 이어 새록새록 발견한 사실도 많다.

“있잖아. 나 오늘 거미를 봤는데 거미 다리가 8개나 있었어!”

“응, 그래그래.”

엄마는 아침에 못한 설거지를 해치우느라 바쁘기만 하다. 아이 얼굴 한번 쳐다보지 않고 눈 한번 맞추지 않고 건성건성 대하고 만다. 마음은 급하고 몸은 하나다.

“엄마 지금 바쁘니까 저기 가서 놀아.”

아이를 일단 밀쳐놓고 본다. 그.러.나 여기서 잠깐 스톱! 아이한테는 5분이면 된다. 하던 일을 멈추고 고개를 돌려 아이의 눈을 마주보는 데는 5분도 채 안 걸린다.

“와우, 그랬구나! 거미 다리도 봤어. 정말 신났겠는걸. 거미는 어떻게 생겼는데? ….”

불과 5분 미만. 아이와 대화할 수 있는 딱 5분을 내주면 좋겠다. 영어에도 'Take Five!'란 표현이 있다. 잠깐 차를 마시며 마음을 가라앉히는 5분의 여유를 가지라는 말이다. 저녁 준비도 잠시 물려놓고 거침없이 쏟아져 나오는 아이의 얘기를 들어주는 일, 말은 쉽고 실천은 어렵다는 걸 알지만 그럼에도 항상 강조하는 바다.

“아이가 진짜 하고 싶은 얘기가 있을 때, 궁금한 게 많을 때 피하지 말고 잠깐 들어주기, 5분이면 됩니다.”

아직 어휘가 부족한 아이들은 길게 말도 못한다. 2~3분 안에 아이들의 하루 뉴스는 모두 끝이 난다. 엄마의 대답에 금세 '아~' 고개를 끄덕거리며 다른 놀이를 하러 잽싸게 뛰어간다. "아, 그랬구나" 눈 맞추며 맞장구 쳐주는 일, 길지도 않고 오래 걸리지도 않으니 이보다 중한 일은 없다고 우선순위 0순위에 올려주시길.

아이가 원에 있는 시간이 많다 보니 교사의 역할도 상당히 중요하지만 실은 엄마의 '5분 교사' 역할과 영향이 가장 크다는 것, 잊지 마시길!

감사인형과 함께
저녁을

해가 갈수록 "친구야, 고마워" 하는 인사가 드물게 들린다. 점점 감사의 말과 마음 전하기가 줄어든다는 걸 확연히 느낀다. 감사할 줄 모르다 보니 아이들은 부모가 해주는 것도 당연시, 선생님이 챙겨주는 것도 당연시하는 경향도 늘어간다.

부모님 또한 별반 다르지 않은 것 같다. 누리과정 교육비, 영아보육료 지원 등은 국가에서 부모들을 위해 당연히 해야 하는 일이라는 인식이 대부분이다. 그런 인식이 무의식중에 아이에게도 영향을 끼치고 있는 건 아닐까!

아이를 낳았으니 내 책임을 다해 먹이고 입히고 교육할 수 있는 밑바탕을 마련하겠다, 내 노동의 대가로 아이를 키워야겠다는 생각 대신 '이건 국가에서 당연히 책임져야 돼' 하고 생각하는 것 같다. '이건 당연히 선생님이, 원에서 해줘야 해' 이런 인식이 팽배해선지 분위기가 데면데면할 때가 많다. 고마움을 표현하지 않는 의무적 사이가 되니 교사와 학부모가 자주 얼굴을 마주쳐도 미지근하다.

이런 제안을 드린다. 가족이 모두 모여서 하루 일과를 돌아보고 나누는 감사 시간 갖기. 매일은 어렵겠지만 늦게 퇴근하더라도 잠자기 전에 하루치의 감사 제목을 얘기하는 시간을 가져보면 좋겠다.

"엄마부터 얘기할게. 엄마는 오늘 있잖아. 예찬이 좋아하는 돈가스를 해줄까 하고 시장에 갔는데 마침 '자, 돈가스 50% 반짝 세일합니다. 어서들 오세요' 하는 소리가 들리는 거야. 저녁 때 맛있는 돈가스를 푸짐하게 해줄 수 있어서 너무 감사해. 오늘 엄마의 감사는 돈가스를 싸게 산 일이야."

"아빠는 회사에서 이벤트 기획안을 제출했는데 부장님이 자네, 아이디어 좋은데! 하고 안 하던 칭찬을 해주셨어. 1주일 동안 기획안 만드느라 아빠가 좀 바빠서 늦게 온 거 알지? 숙제를 잘한 것 같아서 아빠는 기분이 좋아."

"오늘 우리 다영이는 어떤 게 제일 감사했어?"

이제 아이가 감사인형을 받아들 차례. 작고 귀여운 감사인형을 들고 얘기한 후 옆에 앉은 가족에게 인형을 전달하면 감사인형을 받은 사람은 자기의 작은 감사를 표현해본다.

"엄마, 나 오늘 놀이터에서 놀다가 갑자기 신발이 휙 벗겨졌거든. 그런데 내 친구 윤한이가 신발을 주워다줬어. 그래서 내가 '윤한아 고마워' 하고 말했어."

서로 떨어져 지내거나 너무 바빠 1주일에 한 번 만나는 가족들이라면 지난 한 주 동안을 돌아보고 말로 표현하는 이 시간의 교감과 울림은 더욱 진하고 따끈할 것이다. 아이는 이런 연습과 추억을 통해 항상 감사한 일을 찾으며 살아갈 것이고 자기 앞의 생에 더욱 즐겁고 적극적인 자세로 임할 것이다.

내게 일어난 여러 조건들에 대한 감사에서부터 차츰 존재에 대한 무한 긍정과 수용으로까지 확대될 테니까. 저.절.로. 긍정적인 사고와 시야를 품게 될 아이의 밑바탕이 된다고 믿고 강력히 추천하는 시간이자 놀이다. 감사인형 놀이!

경영의 신으로 불린 일본의 기업인 마쓰시다 고노스케.

그는 숱한 역경을 극복하고 수많은 성공신화를 이룩한 사람이다. 그는 자신의 인생승리 비결을 한마디로 '덕분에'라고 고백했다.

"나는 가난한 집안에서 태어난 덕분에 어릴 때부터 갖가지 힘든 일을 하며 세상살이에 필요한 경험을 쌓았다. 허약한 몸 덕분에 운동을 시작해 건강을 유지할 수 있었다. 학교를 제대로 마치지 못한 덕분에 만나는 모든 사람이 내 선생이어서 모르면 묻고 배우면서 익혔다."

미리미리 바구니로
허둥지둥은 그만

"바쁘면 어제 오지!"

어느 생활용품점에서 계산 줄이 길다며 직원에게 항의하는 고객의 뒤에서 어느 아주머니가 툭 던진 말이다. 내 머릿속에서 에밀레종이 울리는 듯한 화두 한 마디, 시 한 구절이 어찌나 진리 같던지.

'그래, 어제부터 오든가, 불편을 참든가, 오늘 일찍 왔어야지!'

그래서 우리 원의 교사들은 큼직한 바구니를 하나씩 갖고 있다. 이름하여 '미리미리 바구니'. 교사들은 퇴근 전에 항상 이 바구니에다 내일 수업에 필요한 물품들을 넣어놓고 퇴근한다. 내일의 이야기 나누기 자료, 새 노래 지도에 필요한 CD와 가사, 동화책, 교구들, 줄다리기 줄 등을 미리 챙겨놓는다.

마치 군인이 전쟁 전에 총을 닦고 기름칠 해두는 것처럼 내일 수업을 즐겁게 진행할 수 있도록 예비하는 것이다. 다음 날 출근하자마자 허둥지둥, 우왕좌왕 하는 시간을 줄일 수 있으니 교사와 아이 모두에게 이득이 되는 준비다.

일일 활동계획 및 평가, 하루에 한두 명씩 유아를 관찰한 관찰일지, 부모님과 전화로 상담한 통화기록서도 넣어둔다. 그러면 상황 끝, 내일의 충실한 수업 준비는 완료됐다.

내일 입고 갈 옷, 씻어놓은 도시락, 가방, 출석카드, 준비물… 마치 내일 배울 것을 오늘 예습하듯이 미리미리 챙겨놓는 습관은 어릴수록 효과적이다.

"내일은 무슨 요일이지? 내일은 우리 예나가 좋아하는 체육선생님 오시는 날이네. 신나게 체육하면 되겠다. 그럼 뭐 입을까?"

"체육복!"

"응, 그럼 체육복 가져와 봐. 미리 챙겨놓자."

아침마다 "너 그거 입으면 안 된다고 몇 번을 말했니?" 하며 아이와 징하게 싸울 게 아니라 자기 전에 'OO의 미리미리 바구니'라고 써 붙여놓은 바구니에 아이 스스로 챙겨보게 하면 아침이 한결 수월할 것이다. 이제 아침마다 전쟁 대신 새 아침의 평화를 누려보자! 현실적인 육아법으로 부모들의 호응을 얻고 있는 '똑게(똑똑하고 게으르게) 육아', 바구니 하나에서부터 가능하다!

　미리미리 바구니처럼 '빨래바구니' 마련도 추천한다. 아이의 침대 옆이나 방 문 옆에 빨래바구니를 놓아두고 아이와 미리 약속을 정한다.

　"이 바구니 안에 빨래를 넣어두면 엄마가 빨아줄 거야. 다른 곳에 옷을 벗어놓거나 양말을 늘어놓으면 엄마는 빨래를 해줄 수 없어. 오늘부터 엄마랑 약속하자. 우리 혜은이 잘할 수 있겠지?"

　약속대로 아이는 스스로 책임을 지게 되고 일찍부터 정리정돈 습관을 들일 수 있다. 바구니 하나로 몇 날 며칠 같은 양말을 신거나 편하다고 같은 옷을 줄창 입는 테러(?)도 방지할 수 있다. 내일을 준비하는 습관, 오늘을 더 충실히 살게 하는 연습도 되니 1석3조 아닌가.

4살 정도 되면 아이가 자기중심적으로 생각하기 시작하고 스스로 뭘 해보려고 한다.

"내가 설거지 해볼래, 내가 양말 빨아볼래, 내가 밥 먹을래…."

빨래하다 물이 튀어 거실까지 젖어도, 밥을 흘려도 자기가 해보려고 하는 시도를 막지 마시길. 치우기 싫어서 떠먹여주고 엄마가 도맡아 해버리면 아이는 어디서 뭘 해보고 저지를 수 있겠는가? 밥이나 국 흘린다고 너무 닦달하거나 혼내지도 마시길. 주눅 들어서 다음부터는 아예 시도조차 안 하는 불상사와 맞닥뜨리지 않으려면.

스스로 안 해본 아이들은 원에서도 정물화마냥 가만히 앉아 있다. 행동파 아이들이 어설프게 시도하다가 실수를 저지르더라도 그저 인정해주시라. 불안불안하더라도 하나씩 체험해봐야 약간씩 달라지고 나아질 수 있다. 그렇게 조금씩 발전된 모습을 콕 집어서 칭찬해주면 아이는 점점 잘하게 된다. 그러니 매순간 더더욱 필요한 것은 엄마의 인내와 끈기뿐이다.

부모가 됐다는 기쁨도 잠시, 육아는 전쟁이고 득도수행하는 현실이다. 가객 김광석도 간절히 노래하지 않았나?

"기다려줘, 기다려줘. 내가 그대를 이해할 수 있을 때까지~!"

시도하고 잘할 수 있을 때까지 꾹 하니 기다려주는 엄마가 최고다.

뭐니 뭐니 해도
개근이 기본

아쉽게도 요즘은 개근상이 사라지는 분위기다. 꼭 개근을 해야 되느냐는 일각의 주장과 근거를 모르는 바 아니나, 나는 고지식한 면이 있어서 그런지 개근상은 꼭 있어야 한다고 주장하는 사람이다.

일찍 와야 11시, 어떨 때는 점심 먹는 12시, 그것도 넘겨서 1, 2시에 오는 아이가 있었다. 엄마의 변은 이랬다.

"선생님, 아이가 자꾸 원에 가기 싫다고 하네요. 혹시 원에 문제 있는 거 아니죠?"

"네? 정말요?"

맑은 눈을 깜빡이고 있는 아이한테 물었다.

"나는 오고 싶었는데 엄마가 안 일어났어요."

거짓말을 모르는 아이는 곧이곧대로 사실을 말한다. 아이 엄마가 늦잠을 자고는 이 핑계, 저 핑계로 둘러댈 뿐이다. 원장이나 교사로서는 가슴이 철렁한다.

신입생 오리엔테이션 때마다 가장 강조하고 부탁드리는 말씀은 바로 출석이다.

"어머니, 우리 아이들 친구들하고 잘 지내고 사회성도 발달된 멋진 아이로 키우고 싶으시죠?"

"네~."

세상 모든 엄마의 한결같은 바람과 소망 아닌가.

"그럼 어떻게 해야 할까요? 어머님들이 소중한 아이들을 원에 믿고 맡기셨으니 제시간에 올 수 있게 해주시고 결석하게 하면 안 됩니다. 그게 가장 기본이니까요. 늦게 오는 아이가 어떻게 일찍 와서 처음부터 수업에 참여한 아이들과 어울릴 수 있겠어요?"

원마다 다르긴 하겠지만 대체로 아침에 등원하면 자유선택 활동시간을 갖는다. 코스별로 차를 운행하거나 엄마가 데려다주면 8~10시 사이에 아이들이 원에 도착한다. 자유선택 활동시간에 아이들은 각자의 영역에 가서 활동한다. 역할영역에서는 엄마-아빠 놀이를, 쌓기

영역에서는 친구들과 성을 쌓으며 만족감과 성취감도 느낀다.

멋진 성을 쌓았다면서 함께 즐거움과 기쁨을 나눠야 하는데 대그룹으로 모여서 이야기 나누는 시간이 되어서야 원에 슬로모션으로 들어오는 아이. 놀이를 통해서 배울 기회는 이미 떠나버렸다. 놀이시간이 적으니 친구들과의 대화나 교감도 당연히 적어진다. 잦은 지각과 결석은 아이를 점점 과묵하고 점잖게 만든다.

각 원별로 누리과정에 따라 주제를 탐구하는 시간이 있다. 가령 토마토 프로젝트 수업 때는 토마토를 탐구한다. "토마토는 왜 빨개질까? 토마토의 종류는?" 선생님과 질문하고 답하면서 체험활동을 하는데 계속 지각하는 아이는 토마토에 대한 수업의 흐름을 종잡을 수가 없다. 쉬운 질문을 해도 말을 안 한다. 수업의 맥락을 파악하지 못해 동문서답을 하는 경우도 많다. 반면에 처음부터 참여한 아이들은 토마토에 대해서 생각나는 걸 쉴 새 없이 주고받는다.

"그때 만든 케첩 맛있었지? 응, 그거 정말 맛있었어."

할 말도 대화거리도 없는 지각대장 아이는 집에 돌아가 이런 엉뚱한 얘기를 한다.

"엄마, 난 재미가 없어. 난 친구가 안 놀아줘. 원에 정말 가기 싫어."

친구들과 하는 수업에 흥미를 잃고 붙박이처럼 엄마와 집에만 있는 아이를 원하는 부모는 없을 것이다. 진정한 사회성을 발달시켜주고 싶다면 최소한 지각이나 결석은 시키지 마시길. 아이가 흥미를 느끼고 집중하기 시작하는 귀한 시간이 흘러가버리지 않도록. 정말 많이 아플 때를 제외하고는 등원해서 함께 배우고 놀이하게 해주는 게 바람직하다.

올해도 오리엔테이션 때 간곡히 당부했더니 지각이나 결석이 확 줄었다. 제시간에 등원한 아이들의 표정이 많이 밝아지고 또 즐거워하는 걸 보니 행복하다.

"아이가 늦잠 잤어요, 기침이 심해요, 아침에 토해서 치우느라 늦었어요….."

엄마들의 갖가지 사정도 확 줄어서 감사하다. 사회성 발달은 개근에서 시작한다고 본다. 사회성 발달의 기회와 시간을 충분히 제공해주십사 재차 말씀드린다. 건강과 의지가 함께해야 가능하겠지만!

습관, 못 배운 것보다
잘못 배운 게 나쁘다

"우리 애가 자꾸 이렇게만, 저렇게만 하려고 해요."

가르치고 달래고 설득하다 지친 엄마들이 이런 하소연들을 하신다.

"반찬 먹을 때도 숟가락만 쓰려고 해요."

식사습관을 예로 들면 곧장 이런 해법들이 댓글처럼 튀어나온다.

"애가 아직 어려서 그러니까 그냥 놔두세요."

과연 놔두면 될까? 아이에게 스트레스 주기 싫다면서 그냥 놔두라고, 저절로 된다고 하는 분들이 자꾸만 늘고 있다. 죄송하지만 내가 현장에서 본 바로는 아니다. 방관하면 습관을 못 고친다. 아이 연령대에 맞게 습득하고 나아질 수 있게끔 관찰하고 계속 격려해줘야 한다.

아이 맘대로 하게 놔두는 건 옳은 교육도 바른 사랑도 아니다. '세 살 버릇 여든까지 간다'는 말은 정말 맞는 말이다. 뭐든지 21일 동안만 계속 해보면 그 일이나 패턴이 개인의 습관이 된다고 하지 않는가? 그러니 첫 단추를 잘 끼우듯 기본생활습관은 되도록 좋은 것들이 제때에 잘 배일 수 있도록 부모들이 길들여주시길 바란다.

한번은 유아교육과 세미나를 마치고 점심을 먹으러 가려는데 한 교수님이 식사를 안 하시겠다는 걸 여러 번 권해서 모시고 갔다. 자리 잡은 한정식 집에서 그 이유를 알고 말았다. 유아교육과 교수님이란 분이 마치 연필 두 자루를 잡듯이 젓가락을 꼭 잡고 콩자반을 집어 올리는 게 아닌가.

뭔가 어색하고 다소 흉해 보이기까지 한 젓가락질, 처음에 잘 배워야지 자신도 고쳐 보려고 해도 정말 안 된다고 스스로 토로했다. 주변 어른 중에 상견례 자리에서 젓가락은 전폐하고 오로지 숟가락으로만 식사를 치르고(?) 오셨다는 애석한 실화도 몇 번 들었다.

젓가락질은 아니지만 나도 그런 약점이 하나 있는데 바로 타자법이다. 처음부터 독수리타법으로 키보드를 두드리다 보니 시프트키를 누르거나 겹받침을 쓰는 건 잘 안 된다. 새끼손가락을 쓰지 않으니 속도가 안 난다. 40이 넘어 뒤늦게 자판 연습을 하고는 있지만 익숙한 독수리타법이 먼저 튀어나와 잘 안 고쳐진다. 처음에 잘 배워야, 기본기가 튼튼해야 발전과 변주가 가능한 것이 참 많고 많다.

스트레스 없이 변화는 없다! 약간의 스트레스를 받지 않고 나아지는 건 없다. 2번째 책을 쓰는 일, 이 또한 내게는 엄청난 스트레스다. 온종일 책이 머릿속을 떠나질 않는다. 어디서 괜찮은 구절을 보면 바로바로 메모하고 사진을 찍어둔다. 귀도 눈도 내내 항시 대기 상태다. 이런 스트레스나 집중 없이 성장도 발전도 없을 것이다. 적시, 적절한 스트레스는 발전의 원동력이 된다. 억지로 가르치겠다고 우겨넣으면 역효과가 나지만 필요한 스트레스는 아이를 한층 더 업그레이드시킨다.

'나쁜 습관은 공부하지 않아도 몸에 밴다. 한번 들어오면 나가지 않는 게 나쁜 습관이다.' 그대로 전염되는 게 습관이라면 되도록 제대로 배운 기본, 좋은 습관이 배도록 보살펴주시길!

사회성,
엄마의 포용에서부터

　　부모님들이 가장 신경 쓰는 아이의 인성 중에 하나가 사회성이다. 이전에는 유아교육기관에 바라던 부모들의 기대가 아이가 한글을 떼고 초등학교에 갈 준비 정도였다. 이제는 시대도 교육 트렌드도 부모님들의 기대도 많이 달라졌다. 여러 책과 매체의 접촉과 영향으로 공부보다 사회성 발달이 더욱 중요하다는 걸 어머니들도 공감하고 또 인지하고 있다.

　　초등학교 때부터 학교폭력에 대한 소식도 심심치 않게 들리고 계층 간의 격차가 커지면서 혹시 우리 아이가 은연중에 왕따나 따돌림을 당하지 않을까? 내심 많이들 걱정하신다. 흉내 내고 싶어 하고 주변의 영향도 잘 받는 유아기 때 아이의 친구관계는 매우 중요하다. 어른이 되어 아니 평생 맺을 인간관계에도 영향을 미치기 때문이다.

친구와 어울려 놀이를 하다가도 자기주장이 강한 나머지 "이거 내 꺼야" 하면서 장난감을 빼앗거나 다툼이 곧잘 일어난다. 양보가 부족한 경우, 물건이나 사람을 독차지하려는 경향이 많아서 교사들이 중간에서 말리고 조정해주느라 진을 뺀다.

언젠가 이런 부탁을 받고 난감한 적이 있었다.

"원장선생님, 영은이랑 우리 애 같은 반 해주지 마세요."

그거야 어려운 일은 아니나 아이가 원을 다니다 보면 특정 아이를 피해 또 다른 아이와도 관계를 맺어야 한다. 주관과 개성이 뚜렷한 두 아이가 만나다 보니 사소한 마찰과 트러블이 생긴다. 아니나 다를까 이 엄마, 저 엄마의 전화와 방문이 쏟아진다.

"원장선생님, 둘이 붙어 다니지 못하게 짝 바꿔주세요. 아예 반도 바꿔주세요."

모두 수긍하고 포용하면서도 조심스럽게 말씀드려야 할 때가 있다.

"어머니, 그 친구랑 어울리지 않게 짝도 바꾸고 반도 바꿀 수 있으나 한번 잘 생각해보세요. 지금은 임의대로 반을 바꿀 수 있지만 초등학교에 가서도 그 친구와 맞지 않는다고 짝 바꿔 달라, 반 바꿔 달라 하실 겁니까? 중고교와 대학, 앞으로 사회생활까지 할 텐데 한 아이를 피해 1반에서 2반으로 바꾼다고 문제가 해결되고 나아질까요?

외모와 생각이 다른 사람이 가득한 이 세상에서 나와 맞는 사람과만 성장하거나 생활할 수 있는 건 아니잖아요. '네가 좋아하는 애하고만 놀고 좋아하는 사람과만 일해라.' 이럴 수는 없지요. 나와 마음과 성격이 맞지 않는 사람과도 잘 지낼 수 있도록 배우는 게 교육이고 유아교육기관에서 할 수 있는 역할이라고 봅니다.

저 친구와 잘 지내려면 내가 어떻게 해야 할까? '내 장난감이라도 한 번 양보도 하고, 고마워 은별아~ 인사하니까 같이 놀자고도 하는구나.' 이렇게 놀이를 통해 어울리면서 몸으로 체득하며 스스로 조정하고 해결해야 하는데 부모님이 독단적으로 나서서 아이를 떼어놓는 건 오히려 사회성 발달을 막을 수도 있지 않을까요?"

엄마도 수긍을 하는지 잠시 말이 없다.

"원장님 말씀을 듣고 보니 제가 지금 당장만 생각했네요. 다시 한 번 깊이 생각해볼게요."

그 후로는 그런 전화를 받지 않아서 다행으로 여긴다. 외동딸 하나 어렵게 얻은 엄마의 걱정과 불안을 충분히 이해한다. 엄마의 앞서는 마음을 왜 모르랴? 내 아이가 귀할수록 잠시 앞서는 마음을 접고 내려놓을 줄도 알아야 한다. 되도록 평정심과 균형감을 잃지 마시길. 동질감을 느껴 드리는 엄마 동지의 말이다.

출산율이 낮아져 집집마다 하나나 둘이 크는 대한민국이다. 옛날 같으면 대가족 사이에서 형, 동생과 싸우며 저절로 사회성이 길러졌지만 요즘은 형제자매 경험이 쉽지 않다. 그 형제자매의 역할을 유아교육기관이 대신 맡아서 담당하게 됐다. 그러니 이 점을 이해하는 부모님이라면 원에서 발달할 사회성의 기회를 믿고 맡겨주시기 바란다.

아이가 또래와 다투거나 싸우는 일에 대해 바로 전화해서 왜 그랬느냐 꼬치꼬치 이유를 따지면 교육 현장에 있는 교사들은 경직되고 위축돼버린다. 아이에게 경험의 기회를 주기보다 사고의 위험을 낮추느라 소극적 또는 방어적인 수업을 하게 된다.

"엄마, 오늘 현웅이가 갑자기 나 때렸어. 그래서 싸웠어."

"어, 그랬어? 속상했겠구나. 왜 그랬는데? … 그럼 다음에는 어떻게 하면 좋을까?"

아이가 크게 다치는 일이 아니라면 너그럽게 포용해주시라. 물론 그런 사건사고는 원에서 미연에 방지한다. 투닥투닥 싸우면서, 자극과 충돌을 겪으며 배우고 크게 마련이다. 당장은 지난하다 하더라도 사회성이 좋은 사람으로 커나가기 위한 여러 단계를 거치는 중이구나 하고 여겨 주십사 부탁드린다.

유아교육기관은 또래와 선생님과의 상호작용을 배울 수 있는 우리 아이 첫 학교 아닌가! 용감무쌍한 엄마가 나설수록 그 기회는 줄어들고 과정은 길어진다. 교사들의 사기를 움츠러들게 하거나 마음을 힘들게 하기보다는 격려와 응원을 더해주셨으면. 그게 내 아이와 우리 아이들의 사회성 발달에 일조하는 길이라고 힘주어 강조하고 싶다.

토닥토닥 / 정진아

마음 안 맞는 친구와 같은 조가 됐다.
과학 실험 내내
투덜대고
실수하는 친구

'그것도 못해' 하고 싶은데
참는다.
'당장 그만둬' 하고 싶은데
참는다.
'너랑 다신 같은 조 안 해' 하고 싶은데
참는다.

실험실을 나오며
많이 컸어 '토닥토닥'
의젓해 '토닥토닥'
내가 나를 '토닥토닥'

천사께 드리는 감사 편지

·······························

원에서 생일 맞은 아이에게 해주는 특별한 생일축하만큼이나 중요하게 챙기는 이벤트가 또 하나 있다.

바로 생일 맞은 아이의 엄마에게 감사와 축하의 말이 담긴 편지를 아이 편에 보내드리는 일! 아이의 생일 전날 천사 역할을 맡아준 엄마의 수고에 대한 인사를 전하며 마음가짐을 새롭게 하는 시간을 빠뜨릴 수는 없다.

하늘나라에 조금만 있으면 지상으로 내려갈 아기가 있었대요.

그 아기는 하느님께 물어보았습니다.

"하느님, 제가 내일은 지상으로 보내진다는 얘기를 들었어요. 저같이 힘없고 아무것도 모르는 아이로 태어나면 어떻게 살라고 그러시는 거예요?"

하느님은 낮은 목소리로 말씀하셨습니다.

"그래서 내가 널 위해 천사 한 명을 준비해 두었단다. 그 천사가 널 정성스럽게 돌봐줄 테니 아무 걱정하지 마렴."

"저는 여기서도 충분히 즐겁고 행복하게 지냈잖아요."

"지상의 천사는 너에게 노래도 들려주고 미소도 지어줄 거야. 넌 그 천사를 만나서 더 큰 행복을 느끼게 될 거야."

아기는 궁금증이 생겨났습니다.

"전 사람들의 말을 몰라요. 어떻게 그 말을 알아들을 수 있죠?"

"그 천사는 가장 아름답고 감미로운 말로 너에게 이야기를 해줄 거야. 그리고 사랑과 인내로 너에게 많은 것들을 가르쳐줄 거야."

"또 궁금한 게 있어요. 지상에는 나쁜 것도 많고 나쁜 사람들도 많다는데 무서워서 어떡해요?"

하느님은 이번에도 친절하게 대답해 주셨어요.

"너의 천사가 목숨을 걸고 너를 지켜줄 거야."

순간 하늘이 조용해지면서 지상에서 아기를 부르는 목소리가 들려왔어요.

"아가야, 이제 네가 지상으로 떠날 시간이 되었구나."

"하느님, 저는 아직 날 기다리는 지상의 천사 이름도 모르잖아요. 이름이 뭐예요?"

하느님은 아가의 머리를 쓰다듬으시며 말씀하셨습니다.

"넌 너의 천사를 '엄마'라고 부르게 될 거야."

♥ 예슬이 어머님! 예쁜 예슬이를 만나게 해주셔서 감사합니다. ♥

예슬이의 생일을 맞이하며 원장 김영란 드림^^

...

무거운 집 / 김용택

엄마는 화가 나면 말을 안 해요.
엄마 나 학원 간다.
갈라면 가고 말라면 말어.

엄마는 화가 나면 빨리 걸어요.
엄마 같이 가.
올라면 오고 말라면 말어.

엄마는 화가 나면 돌아누워 있어요.
엄마 나 밥 줘.
네가 알아서 먹든가 말든가 해.

엄마가 화를 내면
집이 무거워요.

...

아이들은 다 다르다:
이해 엄마 되기

#키워드: 민감기 / 칭찬 / 시도 / 선행학습 / 문제해결력 / 빵점 축하파티
상상력 / 훈계 / 경험 / 옆집 아이 / 질문 / 여름 손난로 / 화장품 놀이

유아의 발달 속도와
민감기는 모두 다르다

　한 나무에서 크는 포도, 수박, 참외 같은 과일을 보자. 똑같은 나무줄기와 넝쿨에서 자라나지만 어떤 열매는 빨리 익고 또 어떤 열매는 조금 더디게 익는다. 햇빛이라는 외부 조건, 뿌리와 가지의 내부 상태 등에 따라 숙성도가 각각 다르기 때문이다.

　방울토마토를 살펴보자. 더디게 빨개지는 열매도 있지만 '기다리다 보면' 다 빨갛게 익어서 그 맛과 향을 즐길 수 있다. 아이들도 마찬가지다. 아이들을 살펴보면 평균치보다 빠르거나 느린 아이가 있다. 그럼에도 불구하고 미묘하거나 다소 큰 발달의 차이를 참아주지 못하는 부모가 많다. 다른 또래와 비교하고 내 아이에게 문제가 있는 양 윽박지르는 때도 자주 본다. "제가 아이들을 좀 봐서 아는데요" 하며 끼어

들지 못해 안타까울 때가 많다.

엄마들에게 시어른의 비교는 가장 큰 스트레스라고들 한다.

"이모네 손자는 벌써 책을 읽는다더라. 얘는 너무 늦는 거 아니니?"

옆집 아이, 사촌, 가족모임 등에서 비교 당하느라 아이의 작지만 특별한 발달은 무시된다. 그럴 때일수록 어머니, 평정심을 유지하시길! 내 아이의 탓도 어머니의 탓도 아니지 않는가. 차이와 속도를 몰라보는 눈이 죄일 뿐.

우리 원은 한글이나 숫자를 무리하게 억지로 가르치지 않는다. 학습지나 숙제도 안 시킨다. 모래놀이터에서 흙 만지기를 하고 곤충체험학습이나 동물체험학습, 밧줄놀이 같은 손과 몸을 움직이고 친구들과 함께하는 놀이체험을 더 많이 한다. 고비용, 저효율의 머리 싸매는 공부는 살짝 뒷전이다.

입학상담을 하러 온 어머니는 가끔씩 걱정이 가득한 얼굴로 물어보신다.

"원장님, 너무 공부 안 가르치는 거 아니에요? 우리 애 아직 한글도 못 떼었어요."

나는 올 게 왔구나 하고 준비된 소신을 말씀드린다.

"어머니, 조금만 기다려주세요. 아이들에게 한글에 대한 민감기, 수에 대한 민감기가 분명히 옵니다. 어떤 것에 흥미가 확 일어나는 민감기가 왔을 때는 억지로 가르치지 않아도 스스로 궁금해하고 알고 싶어서 질문이 많아집니다. 저희는 다양한 체험과 자극을 제공하는 데 주력하고 있어요. 민감기는 아이에 따라 언제, 어디서 올지 모르거든요."

나의 유년시절도 그랬다. 유아교육기관을 다니지 못한 나는 엄마와 안양에 있는 목욕탕 가는 버스에서 스쳐가는 간판을 읽다가 한글을 뗐다.

"엄마, 저거 안양 약국이라고 쓰여 있는 거죠?"

"어머, 우리 영란이 어떻게 알았어?"

글을 읽게 된다는 것 자체가 너무 재밌어서 스스로 찾아보며 한글을 하나씩 터득했다.

유아교육가 몬테소리가 말한 민감기(sensitive period)가 오지 않은 아이한테 책을 사서 억지로 쓰게 하고 학습지를 시키고 틀린 글자 10번 쓰기 같은 휘몰아치기는 별 도움이 되지 않는다. 어른들이 말하는 결정적 시기(critical period)와 아이들이 느끼는 민감기는 다를 수 있다.

보통 한글이나 수에 대한 민감기는 6세 2학기에서 7세 1학기까지 온다. 적절한 자극을 받은 아이들은 이 시기를 지나며 스스로 한글과 숫자를 배우려고 하고 터득하게 된다. 대체로 7살 2학기가 되면 90% 이상이 글을 안다. 저절로 자기의 발달 수준에 맞게 글을 깨우치는 자녀들이니 너무 조급해하지 않았으면 한다. 머지않아 스펀지처럼 쭉쭉

빨아들이는 아이들의 흡수력에, 봄꽃처럼 만개하는 아이의 발달속도에 놀라게 될 테니까 말이다.

거듭 강조하지만 느린 게 빠르다는 역설적 진리를 기억하시길.

●

느릿느릿 갈수록 더욱 빨리 갈 수 있으며

서두르면 서두를수록 더욱 천천히 갈 뿐이라는 것.

— 미하엘 엔데 〈모모〉 중에서

또 하나, 유아기 때 한글의 받침까지 완벽하게 알기를 바라지 마시길. 정해진 언어 규칙을 잘 아는 것보다는 표현력과 상상력이 훨씬 더 중요하기 때문이다. 아이가 생각을 자유롭게 쓰다 보면 받침이 틀리고 글씨가 좀 달라지지만 교사들이 읽어보면 그 내용쯤이야 금방 알 수 있다. 오히려 아이의 틀에 갇히지 않은 생각을 격려하고 칭찬해주자.

"어떻게 이런 생각을 다 했어? 이건 어디서 본 거야? 우리 다엘이는 상상력이 참 특별하구나…."

아이만의 생각에 어른의 맞춤법이나 문법은 중요하지도 않고 강조하는 것 또한 바람직하지 않다.

"왜 이렇게 빨갛게 칠했어? 엄마가 여기 이렇게 하라고 했잖아."

어른의 눈높이로 아이를 규정하거나 제재하지 마시라. 그러면 다음에는 남다르게 생각하거나 고유한 표현을 말하고 싶지 않다. 자신감 없고 움츠러들어 평면적 사고만 하는 아이를 바라는 부모는 없을 것이다.

'케이블카'를 가리키며 '매달린 버스'라고 외치는 아이, 소형 비행기를 보고 '마을버스 2개 합친 것 같다'며 너무나 정확한 표현으로 우리를 깜짝 놀라게 하는 순진무구하고 천진난만한 아이들을 더 많이 보고 싶다면 말이다.

●

행복의 첫 번째 비밀은 자신을 타인과 비교하지 않는 것이다.

— 영화 〈꾸뻬 씨의 행복여행〉 중에서

무작정 못한다는
아이에게 칭찬을

"얘들아, 지금은 무슨 계절일까요?"

"여름이요~."

"그래, 맞아요. 그럼, 여름에 산에 가본 적 있어요?"

"네~~~."

"산에 가서 무엇을 보았어요?"

"나무도 보고 돌멩이도 보고 풀도 보고 나비도 보고 청설모(날다람쥐)
도 봤어요."

"아, 그랬구나~."

"오늘 미술영역에서는 우리 친구들이 여름 산에서 본 것들을 그림으
로도 그려보고 다양한 미술재료를 가지고 만들기도 해볼까요?"

"네에~~~ 선생님."

6살 성록이가 돌연 브레이크를 건다.

"나 못하는데… 저 못해요."

"성록이도 할 수 있어. 선생님이 어떻게 하는 건지 알려줄게."

조금 생각하는가 싶더니 이내 똑같은 레퍼토리가 반복된다.

"아, 나 진짜 못하는데…."

교사는 못하겠다는 아이를 계속 도와주고 격려하는 지도를 하느라 애를 먹는다.

매사에, 지속적으로 '나 못하는데…'가 입에 붙은 아이의 어머니와 상담을 했다. 알고 보니 집에서 항상 야단만 맞는 아이였다.

"너 똑바로 안 해. 너 이거 왜 이렇게 했어? 엄마가 이거 아니라고 몇 번을 말했니?"

아이는 아예 뭘 해보려는 욕구가 없어진 거다. 자존감이 바닥으로 아니 지하로 떨어져버린 아이. '뭘 하면 친구들이 못한다고 놀릴까 봐 난 못해, 난 안 돼'가 뿌리 깊게 자리 잡은 아이를 다독이려고 전 교사들이 한마음으로 뭉쳐서 격려했다.

교사들에게도 자주 부탁하는 말이 칭찬이다. 엄마들에게도 마찬가지다.

"만약 원에 좀 부족하고 느린 친구가 있다면 아이들이 대그룹으로 모여 귀가할 때 공식적으로 칭찬해주세요."

재차 강조하지만 아이들은 다 다르다. 특별히 발달 정도가 더디거나 느린 아이들한테는 자신감을 갖도록 격려해주고 구체적인 칭찬거리를 찾아서 칭찬해주는 배려가 필요하다.

"틀려도 괜찮아, 너는 너야. 다른 아이들과 똑같을 수도 없고 그럴 필요도 없어."

부모님께도 역시 아이가 잘하는 부분 하나라도 찾아보라고 권한다. 신발 하나 신는 것, 음식 먹는 것도 칭찬거리에서 빠질 수 없다.

"어우, 오늘 신발 반듯하게 잘 신었는데~ … 서우야, 김치 한쪽을 먹었구나. 이제 어른처럼 골고루 잘 먹네."

소소하고 사소한 것 하나라도 신경 써서 칭찬하다 보면 난 못한다, 틀렸다는 생각은 저 멀리 달아난다. 작은 배려와 칭찬이 아이의 가능성과 하고자 하는 마음을 끄집어낸다. 교육(education)은 지식을 주입하는 것이 아니라 아이의 가능성을 끄집어내는(educare) 데 있다.

●

이 작은 씨앗 안에 저렇게 큰 나무가 될 수 있는 모든 게 있단다.

단지 시간이 조금 필요할 뿐이야.

— 영화 〈벅스 라이프〉 중에서

혼자서도 잘할 수 있게,
시도의 기회를

하나같이 귀한 금지옥엽 자식이다 보니 과잉보호하는 엄마도 늘고 있다.

아이러니하게도 고단백질 식사로 아이들의 체격은 이전보다 커졌지만 체력과 면역력은 떨어졌다. 풍부한 영양과 편리한 환경에도 불구하고 대소근육 발달이 늦어지고 신체조절능력도 부족하다. 모든 걸 부모가 다 해주니 스스로 움직이고 놀이하는 기회가 줄어든 결과다. 부모의 과보호, 다시 한 번 '뭣이 중한지' 돌아보았으면 하는 마음이다.

7살 재은이 엄마의 과잉보호를 살펴보자.

엄마가 원의 현관에서 재은이를 무릎에 앉혀놓고 직접 신발을 벗겨준다. "우리 공주님, 우리 공주님"이 엄마의 입에서 떠나질 않는다. 원에 메고 온 가방이 무거우니 선생님이 재은이 교실까지 들어다 달라는 주문도 서슴없이 하신다.

재은이는 뭐든지 엄마와 선생님에게 의지하기 때문에 스스로 해결하는 게 없다. 미술영역에 들어가서 놀이를 하고 싶은데 조금 늦었을 때 "친구야, 나도 같이 놀이하고 싶은데 한번 양보해줄래?" 그 말 한마디를 못하고는 집에 가서 엄마한테 "오늘 나 혼자 놀았다"고 얘기한다.

엄마는 즉각 장문의 편지를 아이 손에 들려 보내온다. 아이 스스로 참여하고 해결해야 하는 문제까지 엄마가 선생님께 일일이 부탁할 필요가 있을까? 엄마가 나서서 점점 더 소극적이고 의존적인 아이로 몰고 가는 건 아닐까? 프로펠러 엄마, 타이거 엄마 같은 엄마의 과한 열정이 되레 아이의 자립심과 문제해결력을 방해하는 사례를 마주하게 된다.

1박 2일 동안 원에서 놀이도 하고 잠도 자고 가는 '파자마 데이'. 바지랑 양말도 벗고 수영복도 갈아입고 밤에는 잠옷도 갈아입으며 참여해야 되는데 6살 아이가 혼자 가만히 서서 다른 아이들을 멀뚱멀뚱 쳐다보기만 한다.

"어머, 윤민아 이제 옷 벗고 잠옷 입어야지."

"나 못 벗는데, 나 혼자 못 벗는데….”

할머니가 머리부터 발끝까지 입혀주고 벗겨주는 아이. 이 아이가 졸업할 때쯤 또다시 걱정이 됐다. 초등학교 가서 잘할 수 있을까?

해마다 원에서 초등학교 1학년 부장 교사를 모시고 초등 예비 학부모를 위한 사례 강의를 한다. 한번은 이런 실화를 들려주신 적이 있다.

수업 중에 복도 끝에 있던 교실까지 쩌렁쩌렁 들리던 다급한 호출 목소리.

"서언새앵님, 서언새앵니이임… 다 쌌어요.”

이게 무슨 소린가 깜짝 놀라 뛰어갔다고 한다. 아이가 대변을 보고 뒤처리를 못해서 화장실에서 소리소리 지른 것이다. 선생님은 일단 처리해주고 아이 엄마한테 전화를 했다고 한다. 웃어야 할지 울어야 할지, 그야말로 웃기고도 슬픈(웃픈) 상황. 의존하기만 하는 아이, 독립적이지 못한 아이들 하나하나 챙기느라 정작 선생님의 수업은 어떻게 되겠는가.

내 문제를 스스로 해결하게 지켜봐주는 부모, 내 힘을 키우도록 놓아주는 부모의 역할을 생각해보게 된다. 끝끝내 제 힘으로 고치를 빠져나와야 하는 나비의 운명처럼, 맨몸으로 혹독한 추위를 이겨내야 꽃을 피우는 난처럼.

어떤 사람이 나비가 고치에서 막 빠져나오려는 것을 보았다. 그 동작은 너무나 힘겹고 더뎌 보였다. 측은한 마음이 들어 그는 고치 속으로 부드럽게 입김을 불어넣었다. 입김의 온기로 나비가 고치에서 나오는 동작은 조금 빨라졌다. 더 열심히 입김을 불어준 결과 다른 고치가 나비가 된 시간에 비해 더 빨리 나비가 되었다. 그 사람은 무척 기뻐하며 뿌듯해했다.

'야, 내가 따뜻하게 입김을 불어넣은 덕분이구나.'

밖으로 나온 것은 나비의 형체를 갖추기는 했지만 나비가 아니었다. 망가진 날개를 가진 한 마리 벌레에 지나지 않았다. 그 병든 나비는 날지도 못했고 결국 얼마 살지도 못했다.

과유불급,
선행학습의 명암

　　역시 초등학교 부장 교사의 강의 중에 나오는 인상 깊은 영상을 하나 예로 들어보고 싶다.

　한 반에서 어떤 아이들은 책상에 팔을 베고 엎드려 있고, 어떤 아이들은 수업에 몰입해서 눈을 반짝이고 있다.

　"저기, 엎드려 있는 아이 보이시죠? 저 아이 시험 보면 1등이에요. 그 옆 아이, 얘도 공부는 잘하지만 수업에 참여는 안 해요. 왜 그럴까요? 선행학습을 너무 해서 학교 수업이 영 재미가 없다는 거예요. 다 아는 걸 반복하니 심심하기만 하지요."

　유아교육기관에서 아이들을 앉혀놓고 한글 가르치는 것, 구구단을 외우게 하는 것 나는 이래서 반대한다. 아이의 흥미와 탐구욕을 빼앗는 일이 교육 현장에서 선행학습이라는 이름으로 진행되고 있다. '너무 앞선 선행학습만은' 쌍수를 들어 말리고 싶다.

영유아기 아이들의 표현은 아직 어눌하고 어설프다. 지금 숱하게 받침이 틀리는 아이들, 알아가는 기쁨이 좋아서 수업에 적극 참여하고 집중하는 아이가 당장 시험은 잘 못 본다 해도 나중에는 훨씬 월등해진다. 창의성도 남다르고 친구관계도 더 좋다.

아이 스스로 알아가는 기쁨을 누릴 수 있도록 한 발만 양보해주시길. 복습은 좋지만 선행학습은 워워 자중해주시길.

독일에서 건축사와 문화재 전문가로 일하는 임혜지 작가의 글을 보다가 박수를 친 부분이 있어 소개한다. 내가 하고 싶은 말을 함께 느끼고 몸소 실천하는 엄마들이 많아서 참 다행이다. 더 멀리 보고 아이와 같이 갈 줄 아는 엄마들이 많아졌으면 좋겠다.

●

자기 인생의 주인으로 산다는 것이 얼마나 행복한 일인지 경험하고, 그렇게 되기 위해서는 자립을 통한 자유가 필요하다는 사실을 경험한 나는 아이들의 자율성을 어려서부터 존중했다. 아이들의 관심사가 무엇인지 관찰하고 내가 거기에 맞췄다. 책을 많이 읽어줬지만 아이들이 글자에 관심을 보이지 않았기 때문에 굳이 가르치지 않았다. 그래서 우리 아이들은 초등학교에 입학할 때 제 이름도 제대로 쓰지 못했다. 학교에서 스스로의 힘으로 하나씩 배워가는 기쁨을 맛보는 것이 인생에 유익한 일이지, 그 나이에 남보다 조금 더 먼저 안다는 게 무슨 의미가 있을까?

— 임혜지의 〈고등어를 금하노라〉 중에서

●

창의성은 낯선 것에 대한 즐거움이다.

— 어니 젤린스키(심리학자)

책만 보는 아이,
문제해결력은?

"우리 아이는 책을 정말 많이 읽어요."

가끔씩 아이의 방대한 독서량을 자랑하는 엄마들이 있다. 하루 종일 책에 얼굴을 묻고 있는 책벌레 아이를 지도해보면 의외로 문제해결능력이 없다는 사실에 깜짝 놀라게 된다.

하루에 동화책을 40권씩 읽어서 거의 1만 권에 달하는 책을 섭렵한 아이였다. 책에서 지식을 쌓기는 했지만 몸으로 직접 겪으며 체득하지 않았으니 표현을 잘 못했다. 왕성한 야외활동보다는 조용한 식물처럼 가만히 앉아 있는 아이, 나의 인지사고를 거쳐서 내 말로 표현하지 못하는 아이를 보니 안타까웠다.

거듭 강조하지만 영유아기는 책보다 체험이 중요하다. 온 몸으로 직접 체험해서 얻은 기억이 책보다 더 오래가기 때문이다. 책 보느라 몸 움직이는 걸 싫어하면 호기심과 실행력이 떨어질 수 있다. 뛰어난 독서량을 자랑할 게 아니라 단 한 권을 읽더라도 아이가 깊이 있게 읽고 질문도 해보고 스스로 사고해보는 게 더 중요하다. 사람이 땅에 발을 딛고 사는 한 현실감과 실제 체험이 중요하다는 것, 융합적 사고가 필요하다는 것은 더 말할 필요도 없겠다.

'세상은 문밖에 있다'고 하지 않나!

괜찮아 괜찮아 / 박노해

괜찮아 괜찮아

잘못 가도 괜찮아

잘못 디딘 발걸음에서

길은 찾아지니까

괜찮아 괜찮아

떨어져도 괜찮아

굴러 떨어진 씨앗에서

꽃은 피어나니까

괜찮아 괜찮아

실패해도 괜찮아

쓰러지고 깨어져야

진짜 내가 나오니까

'받아쓰기 0점'
축하파티

　원을 운영하면서 가장 기억에 남는 분, 주안이 엄마
의 얘기를 나누고 싶다. 주안이는 우리 원에서 1년 반 정도 있다가 목
사님인 아버지가 지방으로 목회를 가게 되면서 이사를 했다.

　어머니는 주안이에게 그 흔한 학습지 하나 시키지 않았지만 온화한
성품에 아이를 대하는 태도가 부드럽고 인격적으로 존중하는 대화를
하는 분이셨다. 졸업 2개월을 남겨 놓고 원을 떠나게 되어 우리는 눈
물로 헤어졌지만 이후로도 안산에 올라올 일이 있으면 전화를 주
신다.

　주안이는 지금 초등학교 4학년인데 원에서부터 친구를 배려할 줄
아는 반듯한 아이다. 그동안에도 서로 카톡이나 문자로 안부를 묻고

지냈는데 언젠가 한 번 어머니와 긴 통화를 했다.

"선생님, 우리 주안이가 1학년 처음 들어가서 받아쓰기를 했는데 빵점을 받아왔어요. 좀 놀라긴 했지만 저는 '네가 앞으로 언제 또 0점을 받아보겠니?' 하고는 피자랑 치킨을 사서 조촐한 파티를 해줬죠. '앞으로 너는 더 잘할 수 있는 기회가 생긴 거야' 하고 용기를 북돋아줬어요."

이해의 선물인가? 혜안의 선물인가? 야단이 아닌 더 잘할 수 있는 기회를 위한 파티라니! 방학 때도 학원 한 군데 안 보내셨던 주안이 어머니는 아이에게 혼자 EBS 보고 스스로 공부할 수 있는 자기주도학습의 기회를 주셨다. 지금은 아이도 학교를 재밌어 하고 공부도 잘한다고 한다.

받아쓰기 0점이라, 다른 엄마 같았으면 당장 강력한 조치를 취했을 것이다.

"너 이게 뭐야? 엄마 창피하게. 엄마가 공부하라고 했잖아. 너 이리와. 이거 다섯 번 써."

엄마는 아이의 거울이다. 아이는 엄마를 보고 배운다. 따라서 엄마의 태도는 육아에서 절대적으로 중요하다. 엄마의 긍정적인 태도와 아이를 신뢰하는 믿음, 흔들리지 않는 교육방침 덕분에 아이가 구김 없이 즐겁게 학교생활을 하지 않았을까? 지금보다 더 잘할 수 있는 기회를 위한 응원과 긍정, 단언컨대 엄마의 열렬한 응원과 신뢰는 절대적이다.

엄마의 과민반응,
아이의 상상력을 가둔다

병설유치원에서 종일반 교사로 일하는 동료가 들려준 실화다. 요즘에는 외투 안쪽에 붙은 라벨에 관리자명(또는 검수자명)이 붙어 있는 옷이 있다고 한다. 한 아이가 그 조그만 라벨에서 마침 선생님의 이름 석 자를 발견했다.

"어, 이숙경 선생님, 이거 선생님이 만드신 거예요?"

기대로 반짝이는 아이의 눈앞에서 "아니!"라고 단번에 잘라 말하기가 어려웠다. 선생님은 그 작은 글씨까지 관찰했다는 사실이 너무나 기특한 나머지 이렇게 대꾸했다.

"어머 효지야, 너 어떻게 알았어? 맞아. 선생님이 만든 거야."

"와, 선생님 솜씨 정말 좋아요~."

아이는 역시 내 예상이 맞았다고 뿌듯해하면서 집으로 가서는 이 대박 사건을 전했다.

"엄마, 이 옷 우리 선생님이 만들었대!"

그랬더니 이성적인 엄마가 단박에 산통을 깨뜨려주셨다.

"너 이걸 무슨, 선생님이 만들어? 옷은 공장에서 만들지."

"아니야, 여기 봐봐. 우리 선생님 이름 있잖아."

"너희 선생님 안 되겠구나. 왜 순진한 아이한테 거짓말을 하신다니?"

"거짓말 아니야. 엄마. 진짜라니까."

엄마는 바로 통화 버튼을 눌렀다. 왜 선생님이 거짓말을 하셨냐면서 따지기 시작했다. 또 하나의 웃픈(웃기고도 슬픈) 상황, 자초지종을 말해야 할 때가 왔다.

"어머니, 물론 제가 만든 건 아니지만 다른 아이들은 옷을 입고 벗기만 하는데 우리 효지는 그 작은 글자도 읽고 발견했다는 게 감동스러웠어요. 저는 아이의 발견과 기쁨을 격려해줬을 뿐이에요."

무한한 상상력과 공상력의 세계 속에 사는 존재가 아이다. 모든 사물이 살아 있다고 생각하는 물활론(物活論)적 사고 또한 아이들의 특징이다. '이건 영란이 별이네, 저건 아빠 별이야.' 이렇게 모두 생명이 있다는 듯이 사물을 바라보고 대화하며 소유하는 대단한 존재가 아이다. 그런 특징을 인정해주지는 못할망정 그건 아니라고 단정해버리면 아이한테는 상처가 될 수 있다. 팩트(fact)도 중요하지만 아이의 상상력은 그보다 더 중요하다. 아이의 공상 앞에 때로 진실은 무가치하거나 변형될 수도 있다.

그건 사실이 아니라고 윽박지르거나 이건 틀렸다고 단정해버리면 아이의 호기심은 거기서 단절되어버린다. 자라면서 저절로 알게 되는데 그렇게 예민할 필요는 없지 않은가. 다소 극단적인 사례를 들기는 했지만 일상에서 되도록 아이의 행간을 이해하고 기분에 공감해주는 엄마면 좋겠다.

〈해저 2만 리〉와 〈80일간의 세계일주〉 등을 쓴 SF 소설의 선구자 쥘 베른을 능가할 아이들의 집중과 관찰, 상상력을 어른의 잣대와 프레임으로 재단하거나 맞추려고 하지는 마시길.

●

진정한 발견은 새로운 땅을 찾는 것이 아니라 새로운 눈으로 보는 것이다.

— 마르셀 프루스트

지시와 훈계는
스트레스가 아니다

'아이에게 자꾸 지시하고 훈계하는 건 애한테 스트레스를 줄 뿐이야. 그건 아니라고 봐. 난 아이를 존중하는 엄마가 돼야지.'

이 생각은 자칫 방치의 가능성이 있어서 잘못이라고 본다. 원에서 행사를 하다보면 이런 경우를 간혹 보게 된다. 아이가 활동 중에 선생님의 이야기나 놀이에 집중하지 못하고 교실 밖으로 나가서 복도를 돌아다니거나, 다른 아이들이 부모님과 놀이하고 있는데 방해를 하는 경우다.

어느 해인가 부모참여수업을 할 때였다. 6살 강훈이는 선생님이 진행하는 프로그램에 집중하지 못하고 자꾸 옆 친구를 귀찮게 하더니 벌떡 일어나 교실 밖으로 나가버렸다. 평소 그렇게까지 행동하는 아이는 아니어서 좀 놀랐다. 강훈이 엄마도 강훈이를 뒤따라 나갔고 나도 왜 그런가 하고 나가보았다. 한바탕 엄마와 아이의 실랑이가 벌어졌다.

"강훈아, 우리 들어가는 게 어떨까?"

"싫은데…."

강훈이는 빈정대듯 대답했다.

"들어가자～～～."

엄마는 애원하다시피 사정했고 시간은 자꾸 흘러만 갔다.

"강훈아, 이제 그만 들어가야 하지 않을까?"

"싫다니까～～～!"

더욱 소리 높여 말하는 아이를 엄마는 그냥 지켜보고만 있었다.

참여수업 2시간 동안 강훈이는 엄마의 인내심 테스트에 몰입하는 듯했다.

영유아는 아직 정확한 판단을 할 수 있는 나이가 아니다. 그러니 엄마 말의 속뜻을 이해할 리 없다. 엄마가 자기의 의사를 묻는다 싶으면 그냥 내 뜻대로 하면 된다고 생각해버린다. 아이에게 선택권을 줄 생각이나 상황이 아니라면 정확하게 지시와 훈계를 해줘야 한다.

가끔 아이를 존중한다고 모든 상황에서 아이의 의향을 묻는 부모님이 계시는데, 그런 친절한 질문이 아이에게 항상 유익하지는 않다. 아이를 가르치고 양육하는 부모에게 지시나 훈계는 '마땅히 해야 할 바'면서 '마땅히 가르쳐야 할 바', 즉 인성 함양에 반드시 필요한 덕목이다.

다만 훈육할 때 소리를 지르거나 화를 내는 건 금물, 괜한 핏대 올리지 말고 힘 있는 목소리로 천천히 말해주어야 한다.

"강훈아, 지금은 이렇게 돌아다니는 시간이 아니야. 교실로 들어가야 해."

단호하게 가르쳐주었다면 얼마나 좋았을까!

행사가 끝나고 며칠 후 강훈이 어머니와 상담을 했다. 지시나 훈계가 아이에게 스트레스를 주는 것이 아니라는 사실을 전하며 안심시켰다.

지금 하기 싫어도 나중을 위해 꼭 해야 하는 일이 있다는 것을 명심하게 해야 한다. 아이가 열이 펄펄 끓는데 아이에게 약을 먹을지 말지 의사를 묻고 그대로 따를 것인가? 먹기 싫어도 내 몸을 위한 약은 꼭 먹어야 하지 않는가.

강훈이 어머니는 하나씩 실천해보겠노라고 했다. 몇 달 후 다음 행사 때 이전과 같은 강훈이의 모습은 찾아볼 수 없었다.

경험은
많을수록 좋다

　스마트폰과 TV, SNS 등에서 정보가 넘쳐나는 시대
지만 역시 구관이 명관이라고 느낄 때가 많다. 역시 지식보다 경험이
다. 지식이야 보고 들어서 알 수 있지만, 경험은 몸으로 부딪쳐서 체
득하는, 잊지 못할 고유한 지식이자 자산이다. 오감으로 느껴봐야 머
리와 가슴에 남고 몸이 기억한다. 그래야 지식을 넘어 지혜가 될 수
있다.

　친구와 함께 어렵게 시간을 내어 떠난 북유럽 여행 중에 만난 한 가
족을 잊을 수가 없다. 초등학생 두 자녀와 부부가 오순도순 대화하는
모습이 예뻐 보여서 몇 마디 말을 건넸다.

　"화목한 가족의 모습, 정말 보기 좋아요! 아이들이 아직 어린 것 같은데 긴 일정의 여행을 오셨네요?"

부부 중 엄마가 대답했다.

"우리는 자주 이렇게 가족여행을 다녀요. 아이에게 비싼 과외를 시키거나 유산을 물려줄 생각이 없거든요. 대신 어렸을 때부터 세상을 최대한 경험해볼 수 있도록 여행을 다니고 있지요. 두 아이와 다녀본 곳이 꽤 많아요. 국내는 물론 국외도 틈틈이 가보고요.

여행도 아는 만큼 보고 느낄 수 있어요. 스스로 공부의 필요를 느끼고 공부할 수 있도록, 다양한 길을 보여주면서 생각할 기회를 주고 싶어요. 보고 느끼면서 스스로 터득하는 기회, 여행만큼 좋은 게 없죠."

사교육비를 감당하기 위해 밤낮으로 돈을 버는 한국의 현실이 눈앞을 스쳤다. 과외나 학원도 사실 자기주도가 되면 필요 없는 것을. 스스로 알아보고 싶은 마음, 호기심이 그치지 않으면 공부하지 말라고 뜯어말려도 공부하게 마련인 것을.

'그래, 다양한 경험이 평생의 자산이지. 여행은 누가 훔쳐갈 수도 없고 내가 기억을 잃지 않는 한 사라지지도 않는 부동자산이잖아!'

부모들은 여행으로 아이들에게 은연중에 잊을 수 없는 동기부여를 하고 있었다. 두 아이 모두 예의가 바르고 눈빛이 초롱초롱했다. 우리는 뒤통수로 보는 여행을 다니기 바쁘다. 한 장이라도 더 사진을 찍느라 바쁘다 바빠 여행, 찍고 턴하는 여행을 다닌다. 이 가족은 달랐다. 새로운 사물을 집중해서 관찰하고 부모에게 질문도 하고 대답도 듣는다. 중간 중간 '아! 와~' 하는 감탄사가 터져 나온다.

"얘들이 진정한 여행을 아네! 그래, 실컷 논 아이가 행복한 어른이 되는 법이지!"

물음표와 느낌표가 번갈아 터져 나오는 그들의 여행은 제법 진지했다. 오랜 여행의 경험 속에서 나오는 발견의 즐거움. 서프라이즈가 가득한 온 가족의 시간여행은 돈이라는 가치로는 환산될 수 없을 것 같았다.

'여행은 최고의 공부다. 여행은 서서 하는 독서이고 독서는 앉아서 하는 여행이다. 여행은 가슴 떨릴 때 해야지 다리 떨릴 때 해서는 안 된다'라고 했던가? 소풍이든, 그랜드투어든 낯섦과 두려움을 자신감과 성장으로 바꾸는 여행육아의 힘은 대단하다. 아이들과 함께 나를 찾고 미래를 탐색하는 '번쩍하는 황홀한 순간'들을 되도록 많이 누리시길. 자녀의 성장을 돕고자 떠난 여행에서 뜻밖에도 자신의 성장과 치유를 발견하는 기쁨이 있으니까.

우리나라 가족여행에서 본 아쉬운 점 한 가지! 주말이면 가족 단위로 박물관이나 전시장 등 많이들 다니는 것 같다. 환영할 일이지만 부모와 함께 오기는 하지만 부모는 카페에 앉아 음료를 마시며 쉬고 아이들만 한 바퀴 둘러보고 오라는 현실은 개선의 여지가 있다.

아이와 함께 전시를 감상하고 교감하며 적절한 질문과 맞장구, 대화가 필요한데 그저 목적지만 찍고 오는 경우가 많다. 사소하고 소소하더라도 아이와 소통하고 대화하면서 부모님의 언어로 세상을 알아가는 즐거움을 제공해보시길. 필요하면 스마트폰으로 함께 검색도 해보면서 생생한 지식이 늘어가는 기쁨을 선사할 절호의 순간들을 놓치지 마시길.

여행의 의미는 발견과 공감에 있다고 본다. 그 밑바탕을 위해 부모의 지원이 필요하다. 아는 만큼 보이고 느끼는 게 여행이니 기꺼이 눈높이를 맞춰 친절한 길라잡이가 되어주시길.

●

배움은 책을 통해서가 아니라 경험을 통해서 완성된다.

— 리처드 밀러(심리학자)

내 아이를
옆집 아이처럼

"야, 너 또 물 흘렸어? 응?"

우유를 엎지르고 반찬을 흘렸어도 옆집 아이가 그랬다면 쏜살같이
혼내지는 않는다. 내 아이도 옆집 아이 타이르듯 대하면 아이는 "엄마
가 나를 사랑하고 있구나, 참아주고 있구나" 느끼고 안도한다. 이는
알게 모르게 자존감과도 연결되므로 엄마의 1초 참음과 1초 평정심은
아이와 엄마 모두를 구원할 수도 있다. 부모에게 존중받아서 자존감
이 생긴 아이는 스스로 자기 행동을 수정해 나가면서 큰다.

"야, 엄마가 너 이렇게 하지 말라고 했어, 안 했어!"

내 아이한테는 거침없이 다그치고 혼내는 엄마도 옆집 아이한테는

1초 만에, 180도 달라진다.

"어머 윤서야 다치진 않았니? 컵 넘어뜨릴 수도 있지 뭐. 아줌마가 치워줄게. 괜찮아."

남의 집 아이한테는 좋은 언어를 쓰면서 내 아이한테는 언어폭력적이고 위험한 수위의 언어를 거침없이 내뱉는 부모가 있다. 가까운 사이일수록, 가족일수록 따뜻하거나 달달한 말 한마디 건네기가 그렇게 어렵다. 돈도 안 드는 말 한마디가 천냥 빚을 갚는다는 것을 잊지 마시길. 살리는 말, 세워주는 말로 언어의 강도와 수위를 바꿔주시길. 내 아이도 옆집 아이만큼 귀하고 약하니까.

세상에서 살인을 가장 많이 한 범인은 바로 언어다.

— 아서 쾨슬러(영국 작가)

묻고 또 묻는 게 아이다

"선생님, 이거 뭐예요?"

"이거 마라카스야!"

1시간쯤 지나서 똑같은 질문을 또 묻는다.

"선생님, 이거 뭐예요?"

"응. 마라카스야."

"근데 여기서 어떻게 소리가 나요? 이 속에 뭐 들어 있어요."

질문한 걸 또 질문하는 아이, 꼬리에 꼬리를 물고 계속 질문하는 아이, 아이들의 혀끝에는 하루 종일 '왜?'가 굴러다닌다.

"개미가 왜 이렇게 지나가요?"

"응, 개미는 먹이를 입에 물고 가족이 있는 집을 기억해서 찾아가는 중이야."

아이의 특징이자 본능은 바로 끊임없는 호기심과 질문이다.

"엄마가 전에 말해줬잖아. 너 바보야? 집중해서 안 들을래?"

성가시다고 윽박지르거나 몇 번을 말해야 알겠냐고 화를 내는 건 아이의 속성을 모르는 몰지각의 반증일 뿐이다. 이해하면 사랑하지만 몰이해하면 화가 날 뿐. '사랑은 이해'라고 했다. 더 많이 알수록 잘잘못을 따지기보다는 그의 존재를 온전히 이해하고 품게 된다.

질문하고 또 질문하는 게 아이들이니 100번이면 100번, 또 대답해주면 그만이다. 그러니 엄마도 '쿨하게' 답해준 사실을 되도록 잊어버리시길.

아이가 정말 몰라서 묻는 질문일 수도 있고 엄마와 대화하고 싶다는 표현일 수도 있다. 정말 몰라서 그런가? 아니면 내 관심을 받기 위해서 그런가? 어찌됐건 간에 아이의 욕구를 충족해줘야 한다. 아이의 질문에 몇 번이고 다시 대답해봤자 1분밖에 안 걸린다는 시시한 사실에 화를 내서 무엇하나.

●

언어는 질문을 하기 위해 창안되었다.

— 에릭 호퍼(미국 작가)

한여름에
웬 손난로?

오래전 친구 집에 놀러갔을 때 이런 일이 있었다. 친구 아들이 유아기 때였고 오랜만에 만난 우리들은 팥빙수를 먹으며 담소를 나누고 있었다. 밖에서 놀던 아들이 들어와 무슨 주머니를 불쑥 내밀며 이런다.

"엄마, 나 이거 데워줘."

냄비물에 넣고 끓이면 열이 나던 손난로였다.

"이 한여름에, 날도 더워 죽겠는데 너 지금 이럴래?"

이런 핀잔을 예상했던 나. 친구는 내 예상을 와장창 깨뜨리는 부드러운 말로 상황을 종결시켰다.

"어 그래, 가져와."

곧장 렌지에 불을 켜서 아무 일도 아니라는 듯이 손난로를 데워주는 게 아닌가.

"넌 이 더위에 그걸 데워주니?"

"그럼, 데워줘야지! 뜨거운 맛을 보면 다음에 가져오지도 않아."

한번 데워주고 뜨거우면 다시는 안 만질 게 아니냐? 아니나 다를까 손난로가 손에 닿자마자 '앗 뜨거' 하고는 재미를 잃었는지 다른 놀이를 찾아 가버렸다.

쿨한 친구를 통해 터득한 한 가지. 무식하면 용감하다고 철부지들은 위험성을 모르기 때문에 위험한 행동을 태연히 요구하고 감행하는 거다. 그러다가 깨지고 넘어지고 데기도 한다. 자전거 타기처럼 운동조절능력과 판단력이 갖춰지는 데는 실패와 시간이 제법 걸리는 법이다.

아이가 위험한 걸 경험해보지 않으면 그에 따른 대처능력도 안 생긴다. 큰 사고가 아닌 한 아이가 직접 느끼게 해보시길! 담배 피우는 학생에게 담배를 한가득 피우게 해서 질려버리게 하는 혐오치료도 상당한 효과가 있다고 한다. 그러니 반면교사도 교사라는 것, 역시 '나쁜 경험은 없다'는 진리를 한여름에 손난로에서 깨우쳤다.

겨울에 여름 샌들을 신겠다고 고집 피우는 아이와 쩔쩔 매며 싸우는 엄마가 간간이 있다. 결국에는 아이한테 지면서 아이나 엄마나 성질은 성질대로 다 버리고 잔뜩 찌푸린 얼굴로 원에 오셔서 이런 푸념을 하신다.

"애랑 실랑이하다가 이렇게 (샌들 신고) 왔어요."

어차피 질 것을 화는 화대로 내고 나서 아이 뜻대로 해주면 아침부터 온종일 피곤할 뿐이다. 그냥 '너 한번 경험해봐라. 감기 걸린다고 죽을병은 아니지 뭐!' 하는 너른 마음과 실험정신을 발휘하시기 바란다. 애하고 굳이, 일일이 싸울 게 아니라 아이가 하겠다면 하게 해주는 것도 지는 듯 이기는, 지혜로운 병법이다. 너무 춥거나 뜨거워보면 다음엔 저절로 그러지 않는다. 다시 한 번 친구의 손난로야, 고맙다!

그 손난로집 아들 아주 멋지게 커서 지금 군 복무도 잘 하고 있다. 수도권 대학에 들어갔다고 그 엄마가 좀 서운해했는데 기특하게도 군대 가기 전에 편입학 시험을 봐서 서울권 대학으로 옮겼다. 아들이 첫 휴가를 나와서는 이랬다고 한다.

"엄마, 내가 군 생활 계획을 세웠어요. 기타랑 공부할 책 좀 사가지고 갈래요. 제대할 때까지 기타도 배우고 책도 열심히 봐야겠으니까 투자하는 셈치고 사주시면 감사하겠습니다."

친구는 '이 녀석이 다 컸구나' 싶은 마음에 필요한 것들을 흔쾌히 사줬다고 한다.

"나, 네 아들 잘 클 줄 알았다. '손난로 뜨거우니까 만지지 마'가 아니라 시도하고 저질러 보는 아이로 키운 걸로 보아 네가 어떤 엄마였을지 미루어 짐작이 됐거든. 너 아들 하나 진짜 훌륭하게 키웠다."

그런 단면들, 짧은 에피소드의 영향은 작지도 짧지도 않다. 소소한 일상다반사와 낱개의 경험이 모여 중대한 일생으로 성장하는 것이니까.

궁금증을 풀어주마,
화장품 놀이

아이들은 호기심을 주체할 수 없는 존재다. 어른은 '(내 경험상) 저건 재미없을 거야' 하고 추측해버리고는 시도할 마음을 애초에 접지만, 아이들은 다르다. 예측불가능하고 호기심 많은 아이들은 견학이나 소풍을 갈 때도 계속 주위를 두리번거린다. 세상의 모든 풍경이 너무 궁금한 거다. 선생님을 따라가는 것보다는 내 발밑에 있는 개미와 꽃, 옆 건물과 행인들을 바라보는 게 더 재미있고 중요하다.

일찍부터 어른의 세계를 동경하는 여자아이들은 엄마의 화장품에 관심이 많다. 밋밋하던 엄마 얼굴이 거울 앞에서 짜잔 바뀌는 아침.

색감과 향기에 민감한 딸아이들은 '나도 엄마처럼 지금보다 더 예뻐질지도 몰라' 하고 엄마의 화장품을 작은 얼굴에 찍어 바르고 높은 구두에 올라서 보고 싶어 한다.

물론 아이의 욕구가 커질수록 엄마의 제재 또한 강력해진다. 아이가 화장품을 쏟거나 유리병이 깨질까봐 일단 못 만지게 한다. 그래도 막을 수 없다면 아이가 화장품에 궁금한 손을 자꾸만 뻗을 때 잠깐 짬을 내어 미용 강의를 해보심이 어떤지.

"이리 와봐. 엄마가 화장품이 뭔지 알려줄게. 이건 사실은 네가 바르면 안 돼. 어른 피부에 맞는 약이거든. 애기 피부는 약해서 바르면 안 되는데 네가 궁금해하니까 가르쳐줄게.

자, 이건 스킨이라고 해. 엄마가 세수하고 나서 제일 처음 바르는 게 스킨이지. 너도 손 내밀어봐. 한번 얼굴에 발라봐. 시원하지? 스킨 다음에는 로션을 바르는 거야. 아까 스킨하고 어떻게 다른가 봐봐. 스킨은 물 같이 생겼지? 이번에는 물보다 좀 더 끈적끈적한 거야. 이걸 로션이라고 해.

(에센스를 펌핑해서) 이건 에센스라고 해. 이건 엄마 피부를 더 예쁘게, 뽀송뽀송하게 해주는 건데, 비싼 거라서 조금만 발라도 돼. 아까는 돌려서, 에센스는 여기를 살짝 눌러서 짜는 거야. 너도 한번 발라봐. 와 우리 영란이 엄청 예뻐지네.

다음엔 영양크림이야. 이 크림은 피부 속에 있는 물이 빠져나가지 않게 보호하라고 바르는 거야. 짜잔, 엄마 얼굴 하얘져서 예쁘지?

이건 선크림이야. '햇빛아 내 피부에 오지 마라' 하고 바르는 거야. 피부를 보호하는 크림이지. 마지막으로 BB크림도 덧발라 볼까? 이건 색깔 있는 물감 같지. 영란이도 조금만 발라봐. 자, 어때? 아까보다 얼굴이 환하게 밝아졌지?"

아이한테 기초부터 색조화장까지 차례로 설명해주고 발라 보게 한다.

"엄마하고 화장품 바르는 놀이하니까 어때?"

"재밌어! 신기해!"

"응, 그랬어. 그런데 이건 어른이 바르는 약이라서 어른 피부에 맞는 거야. 어른 화장품을 너무 일찍, 자주 바르면 애기들은 미운 얼굴이 될 수 있어. 다음부터는 네 화장품, 베이비로션 바르는 거야. 이건 이제 엄마가 바를게. 괜찮지?"

이제 궁금증이 해결됐으니 다음부터는 떼쓰지 않는다. 화장품을 못 쓰게 하겠다고 높이, 더 높이 위로 올리는 것도 좋지 않다. 의자 위에 올라가다가 넘어져 다치는 사고가 간혹 있으니까. 자기 욕구가 채워지지 않은 아이는 화장품을 내려 달라고 떼를 쓴다. 아이의 욕구는 초반에 해결해줘야 떼쓰기가 줄어들고 안 하게 된다. 예쁜 색깔, 반짝이는 용기를 좋아하는 여자아이들에게 엄마의 화장품은 판도라의 상자 쯤 된다. 언제, 어떻게 열어줄지 선택해보시길.

헤어드라이어와 빗으로 하는 미용실 놀이도 여자 아이들이 좋아하는 놀이다. 원에서는 아이의 피부 상태를 일일이 모르기 때문에 할 수 없지만, 아이들은 아무것도 없어도 상상하며 파마를 하고 얼굴에 바르고 거울을 보며 기뻐한다. 화장품과 미용실 놀이는 집에서 엄마와 해보는 놀이로 추천한다. 엄마의 뾰족 구두를 신어봐야 발이 불편하고 걸음이 느적거려 안 신는다. 신지 말라고 구두를 숨기기보다는 안 신는 구두를 내주시길.

가정은 식구들의 쉼터이면서 유아교육기관 이상의 경험과 교육이 펼쳐지는 교실이다. '최초의 학교는 가정이고 최초의 교사는 부모다'라는 말처럼 그 처음의 역할은 대단히 중요하고 지대하다. 아이는 태어나 부모라는 교사를 가장 처음 만난다. 그때부터 진짜 수업, 나름의 교육은 시작된다. 부디 인내심과 이해심 많은 눈높이 수업으로 진행해주시길!

마인드업 스티커 컵

·······························

'너는 참 기발해 / 마음이 참 따뜻하군요 / 넌 인정이 많아 / 넌 서프라이즈야 / 당신은 할 수 있어요 / 감동이에요 / 감수성이 풍부하군요 / 아자아자 파이팅 / 괜찮아요….'

이런 긍정의 언어, 사랑의 언어, 칭찬의 언어를 담은 스티커가 있다.

엄마가 아이에게 그침 없이 해야 할 긍정의 말들을 컵에다 붙여보자. 돈도 거의 들지 않으면서 설거지를 해도 떨어지지 않고 오래가기까지 하니 마인드업 스티커만큼 확실한 효과도 없다.

글을 읽지 못하면 엄마가 읽어주면 된다.

"너는 멋쟁이야. 역시 짱!"

한번은 7살짜리 아이를 둔 엄마가 이런 전화를 주셨다.

"원장 선생님, 지우한테 컵을 주면서 '엄마가 우리 지우에게 해주고 싶은 말을 이 컵에 붙였어. 엄마가 항상 우리 지우를 응원하고 있을 거야.' 하고 안아 주었더니 아이가 그만 울음을 터뜨리는 거예요. '엄마가 나를 이렇게 생각하고 있는 줄 몰랐어~~' 하면서요. 순간 저도 너무 놀랐어요. 한편으로 평상시 제가 너무 애를 다그치고 야단만 쳤던 게 아닌가 반성하게 되더라고요."

움츠러들었던 기분과 자존감을 찰싹 올려주기에 단 한마디면 충분하다.
물이나 음료를 마시며 엄마의 응원 에너지 드링크를 맛본 아이들에게, 또 엄마들에게 '당연하지 게임'도 권한다.

자, 내가 지금부터 하는 말에 무조건 당연하지를 외쳐 보세요.

나는 이 시간 이후로 점점 더 행복해진다.
나는 이 시간 이후로 건강해진다.
나는 이 시간 이후로 좋은 일이 생길 거야.　　　　　　　당연하지!
(우리 아이를 생각하면서) 주심아, 너는 정말 잘될 거야.

사소한 일이 우리를 위로한다.

사소한 일이 우리를 괴롭히기 때문에.

— 파스칼

좋아하는 말, 싫어하는 말 앙케이트

··································

아이들이 부모에게 가장 듣고 싶은 말은 뭘까?

"은정아, 사랑해."

그렇다면 아이들이 부모에게 가장 듣기 싫은 말은?

예상했던 '미워'가 아니었다.

"야!"

"야! 너 이리 와봐."

이름이 아니라 "야!"였다.

'야'는 나를 무시하고 혼내려고 하는 전조라는 걸 아이들도 직감하는 것이다.

2016년 2월에 국립국어원에서 조사한 '아이들이 부모에게 듣고 싶은 말'의 결과는 이랬다.

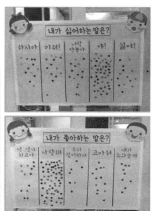

1. 노력에 대한 칭찬 52%

2. 행동에 대한 칭찬 26.5%

3. 성적에 대한 칭찬 10%

아이들은 부모에게 인정받고 싶은 욕구가 크다

"우리 민이 대단하네. 어떻게 그런 생각을 했어?"

"넌 한다고 마음먹으면 뭐든 해내는 아이잖아. 해봐!"

인정과 칭찬에 인색하지 않은 부모와 교사가 되려고 노력했으면 좋겠다.

도가니로 은을, 풀무로 금을,
칭찬으로 사람을 단련하느니라.

구약성경 잠언

엄마는 아이에게 거울과 같다.
거울에 비친 아이의 자아는 곧 엄마의 자아일 확률이 높다.
아이는 엄마를 통해 자기 자신을 그린다.

고영성의 〈부모공부〉 중에서

아이는 부모를 보고 배운다:
거울 엄마 되기

#키워드: 긍정 / 불안 / 대화 / TV / 반응 / 싫어 / 보상 / 눈빛 / 무대포 / 역발상 /
한마디 / 우분투 / 수건 내복 / 맨투맨 / 어휘력 / 끈기 / 용납 / 옆집 엄마

긍정의 말습관

아이의 말은 엄마의 말에 달렸다. 엄마가 자주 쓰는 어휘나 언어 습관이 아이에게도 고스란히 투영된다. 스펀지처럼 보고 들은 지식을 흡수하고 복사기처럼 따라 하는 아이들의 말본새는 엄마의 언어에서 온다.

그러니 되도록 엄마의 입 밖으로는 훈련된 말만 나와야겠다. 부모가 긍정의 언어를 사용해야 아이도 긍정의 언어를 따라 하며 클 수 있다. 무엇보다 말은 마음속에 담긴 생각이 나오는 것이니 마음속 생각과 언어를 정제하는 훈련이 매순간 필요하다. "이거 하면 안 될까?"보다는 "이렇게 해도 되겠지?" 하는 긍정의 말습관이 매일매일 실천되었으면 좋겠다.

말이 씨가 되고 생각이 팔자 된다는 말, 살면서 거듭거듭 공감하게 된다. 살리는 말, 돕는 말, 위로와 긍정의 말일수록 공부와 노력이 필요하다.

똑같은 상황인데 다르게 반응하는 두 엄마의 예를 보자. 아이가 집에서 왔다 갔다 돌아다니니까 한 엄마가 이렇게 지청구를 놓는다.

"너 좀 가만히 앉아 있어!"

다른 엄마는 이렇게 말한다.

"아유, 우리 상우 심심한가 보구나. 이 일만 끝나면 엄마랑 같이 놀이할까? 조금만 기다려 줘~"

김소월의 '나는 세상 모르고 살았노라'라는 시 중에 '같은 말도 조금 더 영리하게 / 말하게도 지금은 되었건만'이라는 시구가 자주 생각난다. '경우에 합당한 말은 아로새긴 은쟁반에 금사과'라고 성경에서도 갈파했는데 말이다. 사람은 좋아하면 물들고 닮아간다고 한다. 지혜롭고 긍정적인 엄마의 말에 물들고 싶다.

10여 년 전이었다. 역할 영역에서 음식을 차려 서로 먹여주는 소꿉놀이를 하고 있는데 어디선가 외마디 소리가 튀어나왔다.

"아이, 지겨워."

모두를 경악케 한 말, 언제 얼마나 해봤다고? 지겨워의 주인공은 엄청 예쁜 아이 유이였다.

"유이야, '아유 지겨워' 이게 무슨 뜻이야. 어디서 들었어?"

"어, 우리 엄마가 그러는데요."

유이는 그때만 그런 게 아니라 가끔씩 지겹다는 말을 해서 우리를 놀라게 했다. 유이 엄마는 평상시 잘 웃으시는 온화한 분이라서 집에서의 모습도 별반 다르지 않을 것 같았는데 이런 말을 하신다니 상상이 안 됐다.

나는 유이 엄마한테 모른 척하고 전화를 드렸다.

"어머니, 우리 유이가요, 애들이랑 소꿉놀이를 하다가 '아유 지겨워' 하면서 안 하려고 하네요. 혹시 그런 말을 어디서 들었을까요?"

"어머, 그랬어요? … 원장님, 사실은 제가 가끔 그 소리가 나와요. 저도 모르게요."

너무나 솔직한 답변에 감사하면서도 한편으로는 아쉽기도 했다.

"어머니, 다음부터는 유이 있는 데서 그런 말씀 하시면 안돼요. 아이들은 TV나 어른의 말을 무슨 뜻인지도 모르고 여과 없이 말해요. 들은 대로 따라 하거든요."

들은 대로 따라 하다 보니 아이들이 원에서 욕하는 경우도 종종 있다. 놀이터나 학원 등에서 자기보다 큰 언니 오빠들과 놀이를 하는 아이들이 으스대려고 또는 힘자랑을 해보겠다고 그런다. 부모의 습관적인 언어나 말습관도 아이들은 금세 닮아간다. 아이들과 놀이하다가 그런 언어들이 무의식중에 튀어나오고 드러나기 마련이다.

"너 먼저 해" 하며 양보하기보다 "내가 할 거야. 이리 내놔" 하는 강압적이고 이기적인 언어들. 언어는 무의식중에 들어오고 아이들은 그대로 받아들인다. 부모가 똑같은 상황을 놓고 긍정적으로 말하느냐, 부정적으로 말하느냐에 따라 아이의 언어와 생각도 좌우된다. 두 귀로 들어와 한 입으로 나가는 말의 힘은 상상 외로 세다.

어렸을 때는 부정적 언어의 패턴이 부모를 탓하는 것으로, 성인이 되었을 때는 배우자나 자녀를 탓하는 것으로 나타난다고 한다. 내 속에 있는 것들이 나와 나뿐만 아니라 주변 사람들의 기까지 살리거나 꺾을 수 있다.

신입생 오리엔테이션 때 간곡히 부탁드리는 말씀이 있다.

"어머님들, 아이가 집에 와서 선생님이 정말 그랬을까 싶은 얘기를 할 때가 있을 겁니다. 그래도 아이 앞에서 '그 선생님 왜 그래?' 하는 반응은 자제해주세요. 다른 사람의 험담이나 옆집 엄마 흉보는 얘기도 아이들은 그대로 듣고 큽니다.

'나와 생각이 다르고 맞지 않는 사람은 이렇게 뒤에서 험담하는 거구나' 하고 배울 수도 있어요. 그러니 아이들 앞에서는 되도록 긍정과 희망, 칭찬의 언어를 들려주세요."

나와 의견이 다르거나 의심이 생길 때는 상대에게 직접 물어보고 확인해서 오해가 쌓이지 않도록 해야 한다. 타인의 입장에 서 보지 않은 이해나 확인은 생략하고 아이 앞에서 남을 헐뜯거나 흠잡는 행위는

삼가시길. 헤르만 헤세도 이렇게 간파했다. '우리가 어떤 사람을 미워한다는 건 바로 우리 자신 속에 들어앉아 있는 그 무엇을 미워하는 것이지'라고.

말은 귀로 듣고 마음에 새기는 것이라는데, 나의 언어 온도는 몇 도인지 돌아본다.

●

험담은 세 사람을 죽인다. 말하는 자, 듣는 자, 험담의 대상자.

— 탈무드

불안해하는
엄마들에게

원에서 어디를 견학 가거나 야외 체험놀이를 하러 나
갈 때면 출석률이 떨어진다. 견학을 안 보내려는 엄마들의 불안과 걱
정이 작동한 것이다. 아이는 신이 나서 가고 싶어 하는데 엄마들은 이
동 시 다칠까, 현장에서 무슨 돌발 상황이 생길까 노심초사다. 그럴
때마다 꼭꼭 드리는 말씀이 있다.

"어머니, 불안은 발달을 저해하는 원인이 됩니다. 아이도 불안을 견
디고 감내할 줄 알아야 해요. 불안한 경험을 못 하게 할 게 아니라 불
안을 경험하게 해주세요. 그래야 안전도 알게 되고 다음 불안에 대처
하는 발전이 이어질 수 있어요."

걱정 엄마들이여, 우리의 불안은 실은 모두 기우라는 것, 왜 일어나

지도 않은 일을 지레 걱정하느라 지금을 누리지 못하는지 다음 사례를 보고 불안에서 놓여나시길. 그림자와 실체는 '소름끼치게' 다를 수도 있다는 사실, 우리의 느낌이나 추측도 자주 부정확하고 불완전하다는 사실을 잊지 마시길.

어느 마을에 동굴이 있었다. 밤이 되면 동굴에서 빛이 나오면서 어떤 그림자가 비춰졌다. 어마어마하게 큰 동물의 그림자를 보고 겁에 질린 동네 사람들은 동굴 근처에는 얼씬도 하지 않았다. 어느 용감한 두 사람이 탐험해보겠다면서 동굴로 향했다. 사람들은 가지 말라고 쌍수를 들고 말렸다. 거기 무서운 괴물이 살고 있다고. 동굴 안에 들어간 두 사람은 그림자의 실체를 마주하게 됐다. 작은 벌레가 촛불에 비춰져 크게 보이는 것이 아닌가. 사람들은 그림자에 놀라 그 동굴 안으로 들어가 보려고 시도조차 하지 않았다. 반면에 두 탐험가는 그림자는 한낱 벌레에 불과하다는 사실을 두 눈으로 확인하게 됐다.

미국의 심리학자 어니 젤린스키가 쓴 〈모르고 사는 즐거움〉에는 걱정을 이렇게 정의했다.

'걱정의 40%는 절대 현실로 일어나지 않는다. 30%는 이미 일어난 일에 대한 것, 22%는 사소한 고민, 4%는 우리 힘으로 어쩔 도리가 없는 일에 대한 것이다. 마지막 4%의 걱정만 우리가 바꿔놓을 수 없는 일에 대한 것이다.'

4%의 걱정이라면 모르고 사는 게 즐겁지 아니한가. 걱정은 주로 꺼두시길.

마치 알라딘이 마술 램프의 요정 지니를 불러내듯이 일어나지 않을 일에 대한 걱정을 수시로 불러내어 그 걱정에서 빠져나오지 못하는 현상, '램프증후군'이라는 용어가 있다. 걱정 램프에 갇힌 엄마들에게 나는 이렇게 강조하고 싶다.

"걱정은 밥 먹여주지 않아요. 괜한 소화불량과 신경불안증만 도지게 할 뿐이죠."

겁주기나 협박보다
대화가 최선

"너 자꾸 이러면 산타가 선물 안 주신대, 너 또 그러면 혼난다, 약속 안 지키면 엄마 너 여기다 놓고 갈 거야, … 다시는 너 여기 데리고오나 봐라, … 안 되겠다, 엄마 집 나갈 거야….”

아이가 말을 듣지 않고 떼쓴다고 이런 겁주기나 협박을 가하는 모습들을 자주 본다. 제법 먹히는 대처일까? 유감스럽지만 영 먹히지 않는다. 실천하지 않을 공약(空約)이기 때문이다. 아이의 행동에 대해서 충분히 설명해주지 않고 제재만 하면 행동 수정이 안 된다. '우리 엄마, 아빠는 나를 못하게만 하는 사람'이라고 생각하고는 반항 내지 저항감만 심해질 뿐이다.

아이들에게 입버릇처럼 자주 주문하는 '예쁘게'도 짚고 넘어가야겠다. 아이가 막 소리 지르고 떼쓰며 울음을 그치지 않을 때면 이렇게들 달랜다.

"예쁘게 말해야지. 다시 예쁘게 말해봐."

그.러.나. '예쁘게'로 퉁틀거나 뭉뚱그리기보다는 아이의 행동에 대해서 구체적으로 얘기하거나 요구하는 게 좋다.

"지유야, 소리 지르지 말고 그냥 말해봐, 울지 말고 또박또박 얘기해봐."

'예쁘게'의 기준이 뭔지 아이들은 잘 모른다. 소리 질러도 예쁘게, 울어도 예쁘게는 아니다. 또박또박, 천천히, 다시 얘기해보라고 설명해주는 게 좋다.

원에서 행사가 있을 때 본 일이다. 아이들은 엄마가 원에 찾아오면 으쓱해져서 평상시와 달리 산만하고 들뜬 행동을 많이 한다. 그야말로 흥분모드다.

"너 자꾸 이렇게 난리치면 원에 행사 있어도 엄마 안 올 거야!"

뻔한 협박으로는 그런 난리나 행동이 잡혀지지 않는다. 점점 더 협박의 강도가 세져야 하지만 그것도 쉽지가 않다. 엄마는 다음에도 언제 그랬냐는 듯이 원에 오게 되어 있다. 아이는 금세 '에이, 거짓말이네' 하고 알아채고는 엄마의 소소한 협박에 익숙해지면서 점점 더 말을 안 듣는다. 따라서 실천하지 않을 말이나 협박은 할 필요조차 없다. 먼저 엄마의 메시지를 전달하고 엄마의 감정과 기분도 설명해주시길.

"네가 이렇게 울고 떼를 쓰면 엄마는 많이 속상하고 화가 나. 엄마는 네가 이렇게 해줬으면 좋겠어. 이렇게 해줄 수 있겠지? 그럼 엄마가 너를 믿을게."

나의 메시지 전달 후 기분을 설명하고 아이에게 생각할 시간을 준다. 그리고는 아이의 답변을 들어보고 스스로 실천하게 하면 아이의 행동은 수정되고 엄마의 감정도 파국까지 치닫지 않아도 된다.

"너 이러면 맞는다"는 협박은 반짝 효과를 볼 수는 있겠지만 행동 수정까지 이어지지는 않는다.

"너 엄마 알지? 너 집에 가면 어떻게 될지 알지? 일어서, 김지용. 너 그렇게 하지 말랬지. 사나이는 어떻다 그랬어? 울어도 안 되고…."

떼쟁이 아들을 훈육하느라 엄마는 사단장이나 장성급이 된다. 하지만 이런 군대식 지시는 아이에게 반감을 일으킬 수 있다. 갖은 지시나 협박에도 떼쓰고 돌아다니면 어른들이 나를 통제하지 못한다는 걸 알기 때문이다.

"네가 떼쓰고 울어서 엄마는 화가 나고 속상해. 다른 친구들과 지용이가 같이 놀이하고 발표도 잘 했으면 좋겠어. 그렇게 해줄 수 있지, 지용아? 엄마가 믿을게!"

욱하는 TV 보다
닮아간다

　　기질과 성향은 가지고 태어나는 게 많지만 심리나 정서적 발달은 후천적으로 이루어진다. 후천적 모방 중에 기억해야 할 것이 바로 감정 조절이다. 아이의 감정 조절 또한 말습관처럼 부모로부터 배운다.

　　TV를 잘 안 보는 나도 채널을 돌리다가 지나치는 드라마에서 흠칫 놀랄 때가 많다. 공중파나 지상파나 가릴 것 없이 주인공이 욱해서 분노를 폭발하는 장면이 너무나 많이 나온다. 화장대나 책상에 놓인 물건을 손으로 확 쓸어버리거나 발로 차서 박살을 내고 부술 만큼 분노가 끓어오를 일도 아닌 것 같은데, 시청률을 높이려고 자극적인 장면들을 여과 없이, 무분별하게 보여주는 게 아닐까.

상대의 얼굴에다 물이나 주스를 끼얹거나 뺨을 치는 일, 욕설과 삿대질에 드잡이가 벌어지는 등 너무나 쉽게 모욕하고 거침없이 폭력을 행사한다. 이를 지속적으로 보는 시청자나 부모도 이와 비슷하거나 혹은 경미한 상황이 벌어졌을 때 그처럼 또는 그보다 더 욱할 수도 있다. 아이 또한 그런 영향을 받아서 정서 불안이나 감정 조절이 잘 안되는, 울퉁불퉁한 아이로 키우려는 건 아니지 않는가.

화가 치밀어서 뱉은 말과 행동은 돌이킬 수 없는 후회와 반성만 남길 뿐. 다음에 또 분노의 역류가 일어나려 할 때는 잠깐 한 박자만 쉬시길. 그러면 후회는 줄어들 것이고 잠시 참은 순간을 다행이다, 잘했다 대견해하며 안도할 것이다. 부모의 품성과 훈련으로 인해 아이의 성격도 다듬어지고 변해간다. 아이의 감정 주머니를 키우고 싶다면 부모의 감정 주머니부터 키워야 한다. 작은 주머니는 금세 넘치고 폭발해버리니까.

집에서도 큰 소리를 내거나 욱하는 모습보다는 이성적이고 공정한 모습을 보여주었으면 한다. 어느 드라마 작가의 말처럼 '뜨거운 피를 가진 사람이 쿨할 수는 없다고 본다'지만 부모는 쿨할 수 있어야 한다.

아이와, 부부끼리 대화로 풀고 문제나 상황을 개선해나가는 부모의 노력을 보여주자. 사랑은 노력과 의지에 의해서 지속될 수 있다. 그게 아이에게 거울의 역할을 잘 감당하는 부모라고 본다. 감정 표현도 대

물림된다는 걸, 버럭 부모가 욱하는 아이 만든다는 걸 잊지 마시길!

어느 교육학 박사분이 이런 얘길 하셨다.

어린이는 '어리석은 이'의 줄임말이라고. 아직 어리석은 철부지니까 그 어리석음을 지도하고 지혜로 이끌어주는 게 어른의 역할이다. 처음부터 사람을 어른으로 태어나게 하지 않은 조물주의 깊은 뜻이 있지 않겠나? 원을 운영하면 할수록 크게 공감하는 바이다.

부모가 욱하며 소리 지르고 혼을 내는 아이들은 일시적인 공포감 때문에 무서워서 그 행동을 멈췄을 뿐 제대로 배운 게 아니다. 아이가 '이제부터 이 행동은 하지 말아야지' 하고 직접 느끼고 수정하는 게 아니라는 걸 기억하고 대화로 설득하고 달래는 부모가 되어주시길.

미디어의 홍수 속에 TV를 없애거나 스마트폰 보는 시간을 제재하는 현명한 부모가 늘고 있어 쌍수를 들고 환영한다. 기계와 마주앉아 있을수록 우리의 따끈하고 살아있는 체험의 기회, 눈빛과 목소리, 교감을 나눌 시간은 줄어든다는 걸 상기했으면 한다.

엄마의 반응은
전염된다

영유아기에 부모로부터 받은 초기 반응이 아이의 생각에 큰 영향을 미친다.

동남아나 아프리카에서 온 검은 피부의 사람을 만났을 때 부모의 반응을 본 아이는 부모처럼 느끼고 생각하기 때문이다. 만약 부모가 아이의 손을 잡고 그 외국인을 피해갔다고 치자. '저 사람은 무서운 사람인가 봐' 하는 인식이 아이의 마음속에 자리 잡으면서 뭔지도 모르는 거부감이 생기는 것이다. 반면 아무렇지 않게 그에게 인사하거나 짧은 말이라도 건네면 '저 사람도 우리 동네 사는 이웃이구나' 하고 편안하고 자연스럽게 느낀다.

"너희 반에 새로 온 정현이 있지? 너 걔 옆에 가지 마. 지난번에 보니까 걔가 친구 때리던데. 걔랑 놀면 안 돼."

엄마의 단정적인 말에 아이는 경험도 해보지 않고 무의식중에 그렇게 인지하고 속단하게 된다. 엄마의 고정관념이나 편견이 여과력 없는 아이에게 고스란히 흡수돼버린다. 엄마의 반응이 곧 아이의 반응, 웃음이 전염되듯이 반응이나 느낌 또한 시나브로 스며든다.

피부색이 다른 다문화가정이 대한민국에도 상당히 늘어났다. 특히 수도권에는 다양한 국적의 외국인 노동자들이 우리와 함께 어울려 살고 있다. 글로벌 시대에 다문화를 이해하려는 관심과 노력 없이는 아이의 세계 또한 자칫 좁아질 수 있다.

이제는 협업과 협력의 시대다. 나 혼자 잘해서 성공하는 데는 한계가 있고 나 혼자 잘한다고 사업이 유지될 수도 없다. 국경과 장르를 넘나들며 너 나 없이 협력하고 융합해야 하는데 엄마의 편견과 선입관에 영향을 받아 아이가 작은 사람, 좁은 사람이 되지 않기를.

하기 싫은 건
안 하겠다고?

하기 싫어도 해야 하는 때와 일이 있다는 걸 어렸을 때부터 가르쳐야 한다. 싫지만 참아야 하는 부분도 배워야지만 아이가 균형감각과 근성을 잃지 않고 성장할 수 있다.

지훈이 엄마가 오후에 감기약을 먹여 달라고 선생님께 부탁했다. 점심때가 되자 지훈이는 점심을 안 먹겠다고 막 떼를 쓰면서 책상을 치고 두드리는 등 과격한 행동을 했다. 내가 지훈이를 불러서 대화를 나눴다.

"지훈아, 오늘 밥이 먹기 싫었구나."

"네."

"그랬어? 그런데 어떡하지? 너 지금 감기 걸려서 병원에 다니고 있지. 아침에 엄마가 뭐 보내주셨어?"

"감기약이요."

"의사 선생님이 밥을 먹어야 약을 먹는다고 했지. 밥을 안 먹고 약만 먹으면 배가 더 아프거든. 세상에는 네가 하기 싫어도 해야 하는 일도 있고, 먹기 싫어도 먹어야 할 때가 있어. 그때가 바로 이럴 때야.

'난 그냥 계속 하고 싶은 것만 할래요'는 안 되는 거야. 어른도 하기 싫은 일을 꾹 참고 해야 할 때가 있어. 선생님이 네가 밥을 안 먹으면 약도 못 먹고 계속 열나고 주사 맞을까 봐 얘기하는 거 알겠지? 그럼 이제 먹을 수 있겠어? 가서 밥 먹고 약 먹자. 대신 밥은 다 먹지 않아도 괜찮아. 조금만 먹어도 돼."

아이와 대화할 때는 먼저 아이의 감정과 마음에 공감해줄 필요가 있다. 그게 마음의 문, 대화의 문을 여는 부드러운 열쇠다. '그랬구나, ~ 했구나' 이해의 한마디를 깔아준 후에 내가 하고 싶은 말도 하고 아이한테 질문을 던지며 답을 향해 대화를 풀어가야 한다. 칭찬만큼 큰 힘이 되는 말이 공감이고, 믿을 만한 아군이라는 안도감을 주는 것 또한 따뜻한 공감의 말이기 때문이다.

"이제 지훈이는 어떻게 해야 할까?"

평정심을 찾은 아이는 스스로 알아서 정답을 말한다. 기억해야 할 것은 엄마나 어른과 길게 얘기하면 아이는 혼났다고 느낀다는 점! 그

것이 좋은 얘기라고 해도 아이는 집에 가서 "엄마 나 오늘 선생님한테 혼났어"라는 황당한 보고를 한다.

그러니 짧게 이야기하되, 맨 마지막에는 5초 이내에 칭찬이나 감사 거리를 찾아서 콕 집어 알려주시라. 아주 작은 칭찬과 감사라도 제법 유효하다. 휴지처럼 시시해 보이는 것도 괜찮다.

"정수야, 선생님 콧물이 나온다. 휴지 좀 갖다 줄래? … 선생님 휴지 갖다 줘서 고마워."

산만하던 아이도 작은 부탁이나 칭찬 한마디에 행동을 고치고 선생님한테 칭찬받았다고 뿌듯해한다. 한번 떼가 나면 조절이 안 되어 책걸상을 다 넘어뜨리고 밀어버리던 지훈이도 지금은 많이 좋아졌다.

내가 꼭 해야 하는 일이나 절차가 있다, 친구가 싫어도 참아야 되는 순간이 있다는 걸 일찍부터 알려주시길. 감정을 조절하고 인내하는 법을 연습할 수 있도록 도와주고 변화를 칭찬해줘야 한다. 앞으로 일어날 여러 돌발 상황에서 어떤 행동을 취해야 할지, 우선순위를 어떻게 조정해야 할지 아이가 배운 대로 조금씩 적용해나갈 수 있도록.

칭찬은 칭찬,
보상은 보상

선비는 자기를 알아주는 사람을 위해서 목숨을 바치고
여자는 자기를 기쁘게 해주는 사람을 위해서 꾸민다.

— 사마천의 〈사기〉 중에서

   사람은 누구나 인정받고 싶은 욕구가 있음에 자주 공감한다. 박수
받고 칭찬받는 걸 싫어하는 아이는 정말 하나도 없다. 원을 운영하며
살펴보니 칭찬받고 싶은 아이는 인사도 잘한다. 그런 인사 예절에 대
해 구체적으로 칭찬해주는 일 또한 점점 더 좋은 행동을 하도록 돕는
자극제가 될 수 있다.

다만 칭찬은 칭찬에서 그쳐야지 보상 중심이 되어서는 안 된다.

"너 이번 시험 100점 맞으면 아빠가 게임기 사줄게."

"태권도 시합에서 검정 띠 따면 엄마가 뭘 해줄게."

칭찬과 인정보다 보상으로 흐르다 보면 보상이 없을 때는 그 일이나 행동을 하지 않게 된다. 행동 자체를 칭찬해주고 "네가 열심히 노력한 것 같아서 엄마는 너무 기뻐" 하고 감정을 표현해주시길. 아이의 노력을 인정해주는 부모의 말이면 충분한 동기부여와 계기가 된다.

"뭘 잘하면, 뭘 해내면 엄마가 1만 원 줄게. 너 맛있는 거 사먹어."

이런 보상은 동기부여로도 부족하고 아이의 가능성을 제한할 위험성도 있다. 보상이 없으면 공부도 안 하고 회사도 안 다니나? 마땅히 해야 할 일도, 스스로 묵묵히 이뤄야 할 발전 단계도 있는 것이다.

보상 위주의 칭찬이나 이벤트가 과하지 않도록, '계산된' 사랑과 지혜가 필요하다.

아이는 엄마의
눈빛을 먹고 자란다

　　사랑한다는 말. 돈이 드는 것도 아니고 불법도 아닌데 참 인색하다. 기껏 사랑한다고 표현했다 해도 그 마음이 얼마나 전해지는 걸까? 보이지 않고 들리지 않으니 알 수가 없다. 내가 엄마에게 사랑받고 있다는 걸 아이가 절절히 느끼게 해줘야 한다.

　　"응, 그래, 알았어. 엄마도 사랑해."

　　이렇게 달려가듯, 무조건 반사처럼 아이에게 사랑을 '해치워버리는' 건 아닌지?

　　아이는 엄마의 눈빛과 표정을 먹고 자란다. 되도록 좋은 기운을 부어주시길.

내게 우호적인 눈인지, 적의나 분노를 품은 눈인지 아이도 금세 느끼고 알아차린다. 처음 만난 사람의 첫인상이 2초 안에 결정 나듯이 말이다. 어느 안과의사의 명언이 기억난다. 세상에서 가장 아름다운 눈은 오드리 헵번도, 엘리자베스 테일러의 눈도 아닌 '나를 우호적으로 바라보는 눈'이라고.

교사의 눈빛, 엄마의 눈빛이 얼마나 많은 말을 하는지 아이들은 안다. 좋은 기운이 전달되기 때문이다. 나를 혼내지 않아도 눈살을 찌푸리거나 표정이 굳어 있으면 사랑이 아니라는 걸 알고 움츠러든다. 나쁜 기운은 전염성이 강하기 때문이다.

맑고 선한 눈빛이야말로 칭찬만큼이나 따뜻한 사랑이고 격려다. 내 편이라는 안도감을 아이에게 줄 수 있는 말없는 방법이 바로 애정으로 빛나는 눈빛이다.

'오래 보아야 예쁘다 / 자세히 보아야 사랑스럽다 / 너도 그렇다'라는 나태주 시인의 시 '풀꽃'처럼 나를 오래, 자세히 보아주는 어른의 눈빛에 아이들은 반응하고 닮아간다.

아이들은 스킨십과 귓속말을 유난히 좋아한다. 일과를 마치고 귀가할 때 우리 원은 이렇게 한다.

"자, 1코스로 가는 친구들 나오세요."

교사는 아이들의 옷매무새를 바르게 해주고 "오늘은 뭐가 재미있었어요?" 물어본다.

"아, 그게 재밌었구나. 우리 내일 또 만나서 재미있게 놀자"

선생님은 귓속말로 아이가 생각지도 못한 사실을 하나 알려준다.

"예준아, 너 오늘 미술영역에서 자동차 만드는 아이디어 정말 멋졌어."

아이는 멋졌다는 말에 금세 입이 귀에 걸려서 날아가듯 교실 문을 나선다. 줄을 선 아이들은 친구의 수상한(?) 표정을 보고 그 귓속말이 궁금해 죽을 지경이다.

"야, 선생님이 너한테 무슨 말했어?"

"비밀이야" 혹은 "응, 내가 자동차 만든 거 멋지대."

기분이 한껏 부풀어서 집으로 돌아가는 길, 아이는 벌써부터 '내일도 잘해야지' 하고 다짐하는지도 모른다. 특히 원에서 아이의 행동이 수정됐을 때 꼭 필요한 칭찬이 바로 귓속말이다. 한번은 아이들이 정리를 잘 안 하는 친구 하나를 선생님께 일러바쳤다. 선생님은 그 아이의 정리를 더 많이 도와주고 지도했다. 그리고 어느 날 귓속말 칭찬을 해줬다.

"민서야, 너 오늘 정리 정말 잘하더라. 선생님이랑 친구들 기분 좋게 해줘서 고마워."

잔뜩 어질러놓던 아이가 정리맨으로 변하는 건 순식간이다. 정리 시간마다 깨끗하게 정리하는 모습에 모두가 놀란다. 은밀하고 위대한 귓속말 칭찬의 효과는 매번 120%다. 게다가 집에 가서는 이런 과장된 보고도 서슴지 않는다.

"엄마, 우리 선생님은 나만 예뻐해."

모든 반의 아이들이 다 선생님이 자기만 예뻐한다고, 그 반 아이들은 모두 그런 얘기를 기정사실화한다. 예쁨받음, 사랑받기 위해 태어난 존재에게 당연하고 필연적인 일 아닐까. 사실 그렇게 아이 하나하나에게 사랑을 듬뿍듬뿍 부어주는 게 맞다.

가정에 한 자녀만 있는 게 아니겠지만 '우리 엄마는 나만 예뻐해' 하고 느낄 수 있도록 자녀들을 두루 배려해야 한다. 귓속말 격려와 함께 같이하는 시간, 둘만의 소중한 데이트도 필요하다. 다자녀를 둔 엄마라면 세심하고 현명하게 애정을 골고루 나눠줘야 한다.

'동생이 태어날 거야' 축하파티

"엄마는 날 사랑하지 않아! 난 이제 왕따야."

동생이 태어난다는 걸 알게 되면, 동생이 태어나 엄마의 관심과 사랑을 독차지하면 첫째 아이들은 묘한 소외감을 느낀다. 갑자기 젖병을 달라 하기도 하고 우는 척도 하면서 깜짝 퇴행을 보인다. 안 하던 아기 짓을 하거나 징징거리는 행동을 어른들은 '아수탄다'고 하시며 가여워하신다.

그동안은 엄마와 신체 접촉을 하며 몸으로 놀이하는 시간이 많았으나 임신과 동시에 엄마는 몸조심에 들어가면서 큰아이를 멀리하거나 입덧이나 임신우울증 때문에 아이에게 짜증을 내기도 한다. 갑작스러운 변화에 아이는 엄마의 사랑을 더욱 강하게 갈구하게 되고 나만의 사랑을 빼앗아 간 동생에 대한 미움이 일어나기 시작한다. 한순간에 동생에게 사랑을 뺏겼으니 나는 불쌍하다고 자기연민에 빠진다.

추락하는 마음의 충격(?) 완화를 위한 묘책 하나! 엄마가 큰아이에게 임신한 사실을 알리고 이런 대화시간을 가져보시길.

"몇 달 있으면 네 동생이 태어날 거야. 너도 동생이 생기면 어떨까 궁금하지? 엄마랑 같이 이 그림책 보면서 한번 생각해보자."

그러고는 동화책 〈동생이 태어날 거야〉를 꺼내들고 엄마의 무릎에 아이를 앉히고 함께 읽어본다. 아이는 동생이 태어난다는 사실을 인지하면서 태아가 남동생일지, 여동생일지 궁금해진다. 동생이 태어나면 어떤 일이 생기게 될까 상상하면서 새 식구를 기다리게 된다. 이렇게 마음의 준비를 한 큰아이는 동생이 생긴 것에 대한 불편한 감정을 조금이나마 긍정적으로 받아들일 준비가 되는 것이다.

우리 원에서는 아이의 동생을 출산한 엄마한테 축하편지와 함께 기저귀 가방을 선물한다. 아울러 동생이 태어난 형이나 언니한테 형, 누나가 된 축하파티도 열어준다.

"애들아, 우성이가 형이 되었대. 이제 동생도 잘 돌봐주고 귀여워해주는 진짜 형이 된 거지. 형이 됐으니까 우리 다 같이 축하해주자."

아직 뭔지도 잘 모르지만 형은 '이제 동생한테 잘해야 되겠구나' 어렴풋이 실감하기 시작한다.

'이제 나는 형이야. 애기가 아니야.'

출산한 부모뿐만 아니라 아이한테도 축하해주는 이벤트는 계속될 것이다. 축하파티 덕인지, 몰래몰래 동생을 꼬집거나 슬쩍슬쩍 동생의 분유를 먹어버리는 짓궂은 형이나 시샘 많은 언니는 줄어드는 것 같다.

가정에서도 '언니, 누나, 형, 오빠'가 되었다는 기념파티를 추천해드리고 싶다.

동생이 태어나면 가족과 일가친척들까지 새 아기(new addition)에게 관심을 집중한다. 아기 옷도 사주고 엄마에게는 꽃다발이나 꽃바구니를 안긴다. 그런 가족들의 모습을 보게 되면 큰아이는 각오했음에도 불구하고 아이인지라 사랑을 빼앗겼다는 서운한 마음이 들게 된다. 낙심하지 않도록, 상심하지 않도록 큰아이에게도 선물과 함께 파티를 해주자.

"현주야, 넌 이제 언니가 됐어. 정말 축하해. 동생은 아가라서 잠을 많이 자고 계속 누워만 있고 우유를 자주 먹을 거야. 아직 말을 못해서 언니라고 부르지도 못해. 그래도 우리 현주가 조금만 기다리면 동생이 방긋방긋 웃기도 하고 기어 다니기도 하고 또 말도 하게 될 거야. 그럼 동생이랑 소꿉놀이도 할 수 있어. 그때까지 동생 잘 돌봐주고 기다려보자. 너도 기대되지!"

동생의 성장을 기다리게 해준다면 큰아이는 마음에 안정을 찾고 동생에 대한 좋은 감정을 갖게 될 것이다. 기저귀와 젖병도 가져다주고

_〈동생이 태어날 거야〉 책과 함께 어머니께 보내는 축하 편지

자장가도 불러주는 다정한 언니로 진화하며 새 생명이 자라는 기쁨에
참여할 것이다. 부모가 되는 기쁨, 언니가 되는 기쁨은 얼마나 특별한
가. 동생이 생기는 큰아이에게도 좀 더 사랑을!

가장 무서운 엄마?
무대포 엄마

한마디로 아이의 감정을 읽지 못하는 엄마가 가장 무서운 엄마다. 아이의 얘기를 먼저 들어보고 공감하려는 노력 없이 엄마 맘대로 결정하고 진행하는 무대포 엄마가 가장 힘든 엄마다.

여자 아이들의 경우 5~6살이 되면 멋을 부리기 시작한다. 머리도 길게 기르고 예쁜 머리핀이나 머리띠를 해보고 공주풍의 예쁜 옷을 입고 싶어 하는 것이 그 또래의 특징이다. 그러나 간혹 그런 아이의 욕구를 채워주지 못하고 엄마 마음대로 욕구를 꺾어버리는 엄마가 있다. 내향적인 아이는 엄마에게 반항 한번 못하고 자신의 의지를 꺾이고 만다.

엄마의 취향대로 '세련되게' 짧은 머리, 무채색 원피스를 들이댄다. 아이가 좋아하는 긴 머리와 분홍 원피스는 말도 못 꺼내고 꽁하니 있다. 아이 생각과는 영 반대로 가는 엄마, 아이의 속마음에 귀 기울이지 않으니 아이는 점점 더 감정 표출을 못한다.

가정에서 엄마의 기운과 눈빛은 가장 영향력이 크다. 엄마가 무기력하거나 아무 의욕이 없으면, 간혹 자기도 모르게 우울증을 앓고 있거나 자기연민에 빠져 있으면 아이한테도 그 우울감이 그대로 전해진다.

그러기에 엄마는 좋은 기운, 밝은 기운을 품고 있어야 한다. 기운이나 에너지는 부자냐 가난하냐 같은 경제력에서 나오는 여유가 아니다. 삶에 대한 열정과 자신감, 생기와 활력 같은 태도와 자세를 말한다.

엄마들도 아이처럼 살았으면 좋겠다. 아이들은 슬프면 울고 기쁘면 깔깔대고 웃고 화가 나면 화를 내면서 자기 감정을 드러낸다. 엄마들도 너무 가슴에 쌓아두지 말고 하고 싶은 얘기가 있으면 상대의 기분을 다치지 않는 선에서 감정과 생각을 표현하시길. 자유롭고 천진했던 아이의 표정을 잃은 채 무표정하고 무감하게 살아가는 모습은 너무나 안타깝다.

나는 아이에게 좋은 영향을 주는 긍정적인 엄마인가? 어떤 상황에서도 긍정의 빛을 발견하고 희망의 끈을 놓지 않는 엄마인가? 내 기운에 아이가 좌우된다는 것을 명심하시길. '희망은 사람을 시들지 않게 하는 영원한 샘물'이라는 것도.

17세기에 런던 대화재로 세인트 폴 대성당이 불타버렸다. 성당의 재건을 위해 크리스토퍼 렌이 설계를 맡았다. 하루는 채석장을 찾아 돌을 다듬고 있는 석공들의 작업을 살펴보았다.

"당신은 무엇을 하고 있습니까?"

그러자 그 사람은 짜증을 내며 퉁명스럽게 대답했다.

"보면 모르오? 돌을 다듬고 있지 않소."

다른 사람에게 같은 질문을 했다.

"보면 몰라요? 목구멍이 포도청이라서 먹고사느라 이 고생을 합니다."

다시 옆에 있는 사람에게 물어보았다.

"당신은 무엇을 하고 있소?"

"저요? 하나님의 성전을 짓고 있습니다. 저는 사실 죄를 짓고 감옥에 있을 때 석공 기술을 배웠죠. 지금은 자유로운 몸으로 하나님의 성전을 짓기 위해 돌을 다듬고 있습니다."

똑같은 일을 하고 있지만 태도와 대답은 천양지차였다.

정말 괜찮은
엄마

무대포 엄마와는 반대로 정말 괜찮은 엄마를 만나는 영롱한 순간도 있다.

길에 얼음이 살짝 언 겨울날, 시화지구 근처 공원을 지나면서 들은 대화에서였다.

"연우야, 엄마 손 꼭 잡고 와야 돼."

"왜? 엄마, 내가 미끄러질까 봐?"

"아니, 엄마가 넘어질지도 모르니까 우리 연우가 엄마를 꼭 잡아줘야 돼."

얼핏 잘못 들으면 이기적인 엄마처럼 들릴지도 모르겠지만, 나는 이 짧고 평범한 대화에서 비범한 깨달음을 얻었다.

"너 엄마 손 안 잡으면 넘어져. 빨리 손잡아"가 아니라 아이로 하여 금 내가 엄마를 붙잡아주고 도와줄 수 있다는 자존감을 세워주는 엄 마. 아직 어리지만 아이에게 또 다른 역할을 부여해준 엄마의 지혜. 한 걸음 더 나아간 엄마의 역발상적 사고와 배려가 돋보였다.

누가 시키지 않아도, 도와 달라는 어려운 말을 꺼내지 않아도 스스 로 헤아리고 돕는 아이. 남을 도와야 한다는 마음과 손 내밀 줄 아는 실천력을 지닌 아이의 친구관계는 남다를 것이다. 자기의 역할과 기 능을 기억하는 아이라면 자존감과 사회성은 저절로 자란다.

사려 깊고, 역지사지의 유연한 사고를 탑재한, 괜찮은 부모들이 많 아졌으면 해서 짧게 옮긴다.

●

자기 안에 카오스를 지녀야만
춤추는 별 하나를 낳을 수 있다.

— 프리드리히 니체

나에게 힘이 되어준
어머니의 한마디

우리 원의 부모님들께 이런 설문을 요청한 적이 있었다.

'13세 이전의 나를 회상해 보세요. 나에게 힘이 되어준 어머니의 한마디는 무엇이었는지 생각해보시고 기록해서 보내주시기 바랍니다.'

아래에 응답해주신 어렸을 적 어머님께 힘이 됐던 한마디들을 소개한다.

너~ 잘하잖아. 한번 해봐!

너 옆에 항상 아빠, 엄마가 있어. 잊지 마!!

힘들었지? 사랑해.

밥 거르지 말고 챙겨 먹어.

딸이 있어서 위안이다. 살림밑천이라는데.

괜찮아. 할 수 있어!

수미야! 열심히 해!

넌 뭐든지 잘할 수 있어. 넌 특별하니깐. 사랑해.

세상 무엇과도 바꿀 수 없는 내 딸, 사랑한다.

너가 최고야. 넌 훌륭한 사람이야.

우리 딸이 최고네.

우리 딸 힘내!

잘했어. 다 컸네.

못해도(실수해도) 괜찮아. 한번 해봐.

한 가지를 알려주면 열 가지를 잘하는구나.

엄마는 항상 네 편이야. 걱정하지 마. 다 잘될 거야.

항상 사랑한다. 파이팅!

엄마는 널 믿어. 잘하고 있어, 우리 딸♡

엄마한텐 항상 시완이가 최고야.

넌 무엇을 하든지 멋진 아이야.

엄마 자식으로 태어나줘서 고맙다.

그랬구나. 괜찮아.

엄만 항상 널 믿어.

포기하지 말고 끝까지 해보렴. 열심히 하는구나.

모든 일은 열심히 끈기를 갖고 노력하면 뜻하는 바를 이룰 수 있어.

참(충분히) 잘하고 있어! 네가 자랑스러워.

네가 선택한 길을 믿고 존중한단다.

1등은 중요하지 않아. 꼭 잘하지 않아도 괜찮아. 노력했다는 게 더 중요한 거야.

똑똑한 사람보다 지혜로운 사람이 되어라.

우리 연희 잘 커줘서 고마워.

참 예쁘다.

아프지 말고 잘 자라주렴, 우리 딸.

이 세상에서 네가 가장 소중하단다.

울지 마. 너에게는 엄마도 있고 아빠도 있고 오빠도 있잖아.

사랑해. 고마워. 미안해.

엄마 생각해주는 사람은 딸밖에 없어.

양보는 하되 어이없이 뺏기거나 당하고만 있지는 말아. 입장을 바꿔서도 똑같아.

노력하면 안 되는 것은 없다.

뛰다가 넘어져도 무서워하지 마. 엄마가 치료해줄게. 맘껏 뛰어 놀아.

엄마 없는 동안 동생 잘 돌봐줘서 고맙다.

사랑하는 딸 언제나 나의 버팀목이 되어줘서 고마워. 우리 항상 함께라는 거 잊지 마.

넌 이겨낼 수 있단다. 힘내.

열심히 하는 네가 좋아.

넌 보물 1호야.

강한 여자가 되어라.

언제 어디서나 든든한 네 편이 되어줄게.

엄마는 항상 너의 옆에 있어.

민호야, 밥 먹어.

넌 집중해서 하면 잘한다. 한다면 하는 애니까.

엄마는 우리 딸 항상 응원해.

네 뒤에는 언제나 엄마가 있어.

넌 꼭 필요한 사람이야.

소중한 우리 딸, 씩씩하게 힘내요~

무슨 일이든 힘이 들 땐 혼자 고민하지 말고 엄마, 아빠한테 얘기하렴.

엄마가 지켜줄게.

다시 천천히 해보렴.

엄마가 해준 게 많이 없는데 스스로 잘해줘서 고마워.

한번 시작하면 어떻게든 해내려 노력하는 네가 참 자랑스럽다.

남의 도움 없이 너 스스로 잘해보고 싶다면 노력과 할 수 있다는 자신감이 필요해.

힘들다고 포기하면 아무것도 할 수 없는 사람이 된단다. 무엇이든 도전하고 넘어지고 일어서야 비로소 해내는 기쁨을 맛볼 수 있어.

힘이 되는 한마디들을 종합해보니 그리 거창하거나 화려하지 않았다. 간혹 어렸을 적 부모님의 부재를 겪었던 부모님의 무응답도 있었지만, 대체로 부모님의 인정과 사랑, 신뢰와 응원 같은 진심어린 말이 아이에게 힘을 주고 방향을 제시하는 것 같았다.

짧지만 지속적인 사랑의 신호를 보내주면 아이들은 그 신호를 기억하고 그에 부응하고자 스스로 힘을 내고 커가는 신기한 인격체다. 팡팡 뛰며 자라나는 아이들에게 햇살 같은 말, 보석 같은 말을 아낌없이, 거침없이 부어주시길.

우분투 정신:
경쟁보다 함께, 1등보다 우리

누가 시킨 것도 아닌데 경쟁이 생활화된 모습을 본다. 아침에 차를 탈 때도 아이들은 제일 먼저 줄 서려고 뛰어가고, 밖에 나가거나 원으로 들어올 때도 첫 번째로 줄 서려고 아우성이다.

"선생님, 내가 먼저 왔는데요. 쟤가요….''

"저 오늘 밥 1등으로 먹었어요.''

내가 먼저 끝내야 되고, 내가 먼저 맡아야 되고, 내가 먼저 해야 되는 게 너무 많다. 다툼이 생기고 싸움이 나는 건 삽시간이다. 경쟁하지 않아도 되는 상황에서도 맹목적인 경쟁에 내몰리다가 이기적이고 강박적인 사람이 되는 건 아닐까.

우리 원에서는 줄을 서도 맨 앞에 선 아이를 먼저 보내지 않는다.

"오늘은 어떤 친구가 먼저 가면 좋을까요? 선생님, '저는 오늘 하얀색 양말을 신고 왔어요' 하는 친구가 먼저 올라가자 … 오늘은 맨 뒤에 앉은 친구부터 먼저 가자."

매번 주제를 바꿔서 되도록 공평하게 기회가 돌아가도록 조치를 취해보니 불필요한 경쟁이 조금씩 사라지는 듯해서 안도한다. 나 먼저가 아닌 우리 다 같이라는 '같이의 가치'가 더 크다는 걸 깨닫게 해주고 싶은 마음이다.

아이가 과도하게 경쟁하거나 먼저 하려고 다투기보다는 친구한테 양보할 수 있도록 소소한 것부터 돕고 있다. 작은 것 같아도 지금, 여기 일상생활에서 시작해야 하고, 또 앞으로도 아이를 위해 꼭 필요한 자질이라고 본다. 사랑의 성분에는 의리와 의지의 비중이 상당하니까 말이다.

어렸을 적, 내 어머니는 옆집에서 부침개나 음식을 보내주시면 항상이렇게 당부하셨다.

"기다렸다가 이따 아빠 오시면 같이 먹어야 돼."

고소한 내음에 4남매가 침을 꼴깍거려도 절대 먼저 못 먹게 하시고 아버지가 오셔야 저녁상에서 다 같이 먹었다. 옆집에서 보내온 접시 위에 어머니는 항상 과일이나 다른 간식거리를 담아서 우리를 시켜 심부름을 보내셨다.

"영란아, 이거 옆집에 갖다드리고 와. 맛있게 잘 먹었습니다 하고 꼭 인사해라."

어느 대기업 임원은 신입사원을 뽑을 때 '스펙보다는 효자, 효녀인가'를 면접에서 확인해보고 뽑는다고 한다. 나 또한 인간관계에서 '뭣이 중하냐?' 묻는다면 인사 잘하기를 꼽고 싶다.

일상에서도 교사가 먼저 "선생님 도와줘서 고마워, 정재야 미안해, 선생님이 모르고 지나가다가 발을 밟았네…" 같은 소소한 감사와 적절한 사과를 먼저 표해야 한다. 아이한테 사과할 일 있으면 사과하고, 고마운 행동을 했으면 고맙다고 말로 표현하는 것이 중요하다. 엄마 또한 아이한테 잘못하거나 약속을 안 지켰으면 구차한 핑계를 대지 말고 바로 사과했으면 좋겠다.

아울러 고맙다, 미안하다 말할 때는 포옹이나 악수 같은 신체 접촉과 함께 하면 더욱 효과적이다. 그래야 아이도 듣고 보고 몸으로 느낀 대로 용기 있는 사과와 진심어린 감사를 할 줄 알게 된다.

아프리카 부족을 연구하던 인류학자가 어느 부족의 아이들을 모아놓고 게임 하나를 제안했다. 달콤한 딸기가 가득 찬 바구니를 앞에다 놓고 가장 먼저 바구니까지 뛰어간 아이에게 과일을 모두 주겠노라고 했다.

앞다투어 뛰어가리라 생각했던 예상과 달리 아이들은 마치 약속이라도 한 듯 서로의 손을 잡았다. 그러고는 손에 손을 잡은 채 함께 달리기 시작했다. 바구니에 다다르자 모두 함께 둘러앉아 입 안 가득 과일을 베어 물고

키득거리며 나누어 먹었다.

인류학자는 물었다. "누구든 1등으로 달린 사람에게 모든 과일을 주려 했

는데 왜 손을 잡고 다 같이 달렸니?"

아이들은 "UBUNTU(우분투)"라고 합창했다.

"다른 아이들이 다 슬픈데 어떻게 나만 기분 좋을 수가 있어요?"

아버지의 칭찬,
할머니의 수건 내복

'당신의 일생에서 가장 기억에 남는 선물은? 시간은?
도움은?'

이런 중차대한 질문에 답을 하다 보면 따뜻했던(?) 과거로 시간여행
을 해볼 수 있다. 돌아보면 나는 할머니와 아버지, 어머니의 인정해
주는 말과 칭찬의 말을 많이 듣고 자랐다. 특히 아버지는 내심 둘째는
아들을 바라셨음에도 나를 늘 대견해하셨다.

"우리 영란이 어쩜 이렇게 밭도 잘 매니?"

"넌 무인도에 떨어뜨려놔도 살아나올 수 있을 거야."

"우리 영란이 말도 참 잘하네. 나중에 대한민국 최초의 여성 판사 만
들어야지."

사내아이들과 하루 종일 쥐불놀이며 총싸움, 오징어, 동서남북, 구슬치기 같은 놀이를 즐기는 활동파 딸을 아들인 양 생각하시고 '넌 우리 집안의 기둥'이라고 일찍부터 책임감을 길러주셨다.

동네에서 소나 돼지를 잡는 날이면 항상 나를 데리고 다니면서 이것저것 먹이셨다. 뭐든 가리지 않고 잘 먹는 나를 보고 아버지는 뿌듯해하셨다.

"영란이가 하나만 달고 나왔으면 얼마나 좋았을까?"

아버지의 마음에 들고 싶었는지 어린 마음에도 '내가 우리 집안을 일으켜야 되겠구나' 다짐했던 것 같다.

할머니도 그런 얘기를 자주 해주셔서 나는 일찍 철이 들었고 책임감이 생기지 않았나 싶다. 내가 11살에 세상을 떠난 젊은 아버지의 인정과 칭찬이 자양분이자 견인차가 되어 내 마음과 생활 속에 늘 함께해주신 것 같아 감사하다. 칭찬은 마음에 가장 좋은 약이고 밥이다.

기본적인 인성이 형성되는 영유아기의 성장에 부모의 칭찬은 지대한 영향을 끼친다. 이런 시기의 아이들을 맡아서 가르치니 늘상 무거운 책임감을 느끼지만 정작 부모들은 전혀 준비가 되어 있지 않은 경우도 가끔 보게 된다.

"애가 커서 뭐가 되려고 저 모양이야!"

"말 좀 들어! 넌 누굴 닮아서 이렇게 버릇이 없니?"

"뭐 하나 제대로 할 줄 아는 게 없다니까!"

"원빈이는 책도 읽는데 왜 너는 쉬운 글자도 못 읽니?"

이런 말이 들릴 때마다 내 가슴이 철렁 내려앉고 안타깝기만 하다. 아이는 절대적인 사랑과 칭찬으로 키워야 한다. 이제 막 하나씩 배우기 시작하는 아이들에게, 첫술을 뜨는 아이들에게 너무 많은 걸 기대하고 강요하는 부모들에게 조심스러운 말씀을 드린다.

"조금만 더 기다려주세요. 작더라도 아이의 장점을 찾아서 칭찬하고 격려해주세요. 아이는 스스로 깨우칠 거예요. 자식은 부모가 믿어주는 만큼 성장한다는 걸 잊지 마세요."

●

할머니의 내리사랑도 잊지 못한다. 줄줄이 사탕처럼 올망졸망한 4남매를 서른여섯 된 엄마 혼자 키우기 힘들다고 외할머니가 나를 키워주셨다. 온유하신 할머니는 언제나 긍정적인 분이셨다. 한 번도 나를 혼내거나 이거 안 된다고 가로막지 않으셨다. 항상 "우리 영란이, 어쩜 이렇게 이런 것도 잘하니!" 하고 나를 자랑스러워해 주셨다.

어느 겨울, 내복 사 입기도 어려운 시절에 할머니는 어느 잔칫집에서 받아온 수건을 잘라서 내 바지를 손수 만들어주셨다.

"할머니, 이거 좀 까실하고 두꺼워요."

어린 나의 투정에도 할머니는 100% 핸드메이드임을 자랑스러워하셨다.

"그래도 입으니까 너무 멋지다. 이건 세상에 하나밖에 없는 바지야. 이 수건바지가 얼마나 따뜻하고 좋은 줄 아니? 잘 입어라."

옛날 겨울은 눈도 참 푸짐했고 오랫동안 추웠다. 할머니의 수건 내복, 옷태는 약간 울퉁불퉁했지만 나는 할머니의 두터운 사랑과 은혜를 입고 겨울을 났다. 자존심이 세서 친구들한테는 절대 안 보여줬지만 지금도 그 수건 내복의 온기는 내 기억에 남아 있다. 나도 할머니 나이가 되면 그런 내리사랑의 깊이와 온기를 내 손주들에게 나눠줄 수 있을까?

— 김영란 〈꿈꾸기, 행복의 조건〉 중에서 부분 인용

미디어보다 사람,
기계보다 사람

    스마트폰과 TV 스크린 앞에 아이를 방치해두면 아이의 언어 발달이 늦어지고 사고능력이 떨어진다. 소통의 채널이 많아졌다고는 하지만 아이와는 음성 대 음성으로 감정을 주고받아야 한다. 사람 대 사람으로 소통해야지 기계와 소통하는 건 부작용이 많다.

    우리 원에서는 가급적 미디어 수업을 지양하는 편이다. 요즘에는 동화를 TV로 틀어주는 원도 있지만 나는 금지한다. 선생님의 표정과 음성, 그날의 분위기에 따라 그리고 아이들의 반응에 따라서도 동화는 얼마든지 달라진다. 엄마가 잠자기 전 읽어주는 동화책이나 할머니의 옛날이야기도 어디로 튈지 모르지 않는가. 아이의 상상력을 자극할 여지를 주고 점점 몰입해가는 재미를 주는 건 사람의 풍부한 표정과 감성이지 평면 스크린이 아니다.

   다소 극단적인 사례이긴 하지만 기억에 남는 한 아이가 있다. 6살 2학기 때 우리 원에 왔는데 아이가 말을 잘 못했다. 7살인데도 단어만 나열하는 수준이었다. 아이의 엄마가 사정이 있어서 강원도 산골에 계신 증조할머니가 아이를 맡아 키우셨다고 한다. 첩첩산중에서 아이는 하루 종일 대화할 사람이 없었다. 할머니는 워낙 고령이라 귀도 어둡고 상호작용이나 피드백이 안 되는 분이셨다.

   아이가 한 일이라고는 종일 TV 앞에 앉아 있는 것뿐. 듣고 보기만 했지 말을 하지 않았다. 할머니 댁에서 온 이후로도 아이는 집에만 있었다고 한다.

   "어머니, 집에서는 어떻게 데리고 계셨어요?"

   "아이가 TV를 좋아해서 아침에 눈 뜨자마자 TV 켜서 잘 때까지 내내 틀어놨어요."

   이런. 만화에 눈을 박고 있으니 엄마와 대화를 하거나 밖에 나가서 실제 세계와 나누는 상호작용이 없었다. 시간의 균형과 분배가 깨져버린 것이다.

   "아이 연령에 맞는 언어 발달을 원하시면 당장 TV를 끄세요. 없애면 더 좋겠어요. 기계가 하는 말에 아이를 마냥 노출하지 말고 엄마와 선생님, 친구들과 아이가 상호작용을 해야 대화를 하게 되죠. 완전히 끊는 게 어려우면 만화 정도만 보여 주세요."

보고만 있는 TV 대신 책을 읽고 상상하거나 사람과 대화해야 언어와 사고능력이 발달된다.

되도록, 가급적, 아니 제발 스마트폰 쥐어주지 마시라고 부탁드린다. 원에서도 살펴보니 미디어와 애니메이션에 중독된 아이들의 그림은 다르다. 모방심리가 작동한 탓에 대부분 불빛이 번쩍번쩍 빛나는 그림을 그린다. 사람을 로봇처럼 그리기도 한다. 실제 세상은 그렇지 않은데 말이다. 한쪽으로만 과하게 쏠린 오타쿠처럼 자기만의 세상에 빠지지 않도록 도와주시길.

남자 아이들이 잘 그리는 영웅의 예를 들어보겠다. 내 힘을 키워서 다른 사람이 잘되도록 도와주는 사람을 영웅이라고 한다. 그러나 내 힘을 키워서 악당을 무찌르고 짓밟아 영웅이 되는 만화나 스토리에 길들여진 아이는 정서적 불균형을 겪을 수 있다. 단지 내 기분이 안 좋으니까 약자를 짓눌러 영웅이 되려는 사이코패스나 소시오패스의 뉴스, 묻지마 폭행 사건을 접할 때마다 범인의 유아기 상황이 어땠을까 추적하게 된다. 돕고 배려하는 영웅이 아닌 군림하고 괴롭히는 영웅이라니. 아이의 도덕 인식이 혹여 치우치지 않도록 세심히 관찰하고 균형 잡아주시길.

어휘력이 사고력

아이가 3~4세 때에는 엄마가 수다쟁이가 되어야 한다.

아이가 말을 아직 못하고 어리다고 정확한 어휘를 사용하지 않고 "저거 갖고 와. 이거 먹어. 여기 갖다놔" 같은 단순한 표현만 한다면 아이의 말은 점점 더 늦게 트이고 발달 또한 늦어지게 된다.

전에 아이의 그림으로 경청, 인지사고력 발달, 심리를 연구하는 소장님이 7살 아이의 엄마를 따로 상담한 적이 있었다.

"어머니, 아드님이 크는 동안 소통은 안 하시고 모든 것을 다 해주셨군요?."

7살이 되도록 동문서답하고 이해력도 부족한 완전 애기. 필통, 연필, 지우개 같은 기본적인 어휘도 모르니 인지사고력이 발달할 여지가 없었다. 어머니는 펑펑 울며 뒤늦은 후회를 했다.

"소장님, 아이가 어려서 못 알아듣고 못 하는 줄 알고 제가 다 했어요."

엄마가 아이한테 한 말이라고는 주로 '이리 와, 누워, 자자, 앉아, 먹어'였다. 대화는커녕 제대로 된 문장조차 없었으니 어휘력이 부족해 자기가 가본 곳에 대한 묘사나 문장 구사가 불가능했다.

"어머니, 이제부터라도 늦지 않았어요. 아이는 다 알아들을 수 있으니 장롱을 열고 옷이며 양말 교육부터 해주세요. 단어를 알아야 글을 알고 스토리를 만들 수 있어요."

차를 타고 갈 때라면 우회전, 좌회전, 횡단보도, 신호등 등을 알려주자. 엄마는 모든 일상생활을 계속 중계하듯이 알려주고 얘기해줘야 한다. 특히 3, 4세 때가 중요하다. 4세반의 그림은 아직 형태가 없는 낙서 수준이지만 어휘력이나 문장 구사는 엄마의 어휘 자극에 따라 그 발달에 상당한 차이가 있다. 어떤 4살짜리는 네버엔딩 스토리를 말할 수도 있다. 그러니 신발 하나에서 끝나지 말고 신발을 신고 나갈 놀이터로, 마트로 이어지도록 부단하게 대화하고 설명해주시길.

"은혜야, 오늘 엄마하고 4시에 마트에 가서 딸기도 사고 동화책도 사러 갈 거야."

인지발달을 위해 이것, 저것보다는 정확한 명칭과 어휘를 알려주는 대화법이 필요하다. 아울러 시간의 흐름에 따른 동선도 미리 알려주면 좋다.

"오늘은 어떤 옷 입고 싶어? 응, 빨간 점퍼 가지고 와."

옷의 종류와 색깔도 말해준다.

"점퍼 어떻게 입는 거지? 자, 이쪽 오른팔을 집어넣으세요. 그리고 왼팔을 쑥 집어넣으세요. 지금은 무슨 계절이지? 겨울이지. 겨울에는 발 시리지 말라고 털장화나 부츠를 신는 거야. 이렇게 부츠의 목을 손으로 잡고 발을 쑥 집어넣으면 되지!"

"이건 식탁이야. 우리 희재, 여기서 밥 먹지. 식탁에 앉으려면 뭐가 필요하지? 응, 의자야. 우리 이 의자에 앉아서 밥 먹자."

"현주야, 책상 위에 있는 귤 2개만 엄마 갖다 줘."

위와 아래라는 공간지각능력과 수 개념을 동시에 가르쳐주는 것도 좋다. 모든 학습은 집에서부터 이뤄져야 한다. 학습지는 아이가 학교를 갔을 때, 즉 제법 상황을 인지한 후에 시켜도 늦지 않다. 일상의 배움을 휙 건너뛰고 학습지에 의존하는 공부는 기초가 부족해, 아니함만 못한 역효과를 초래할 수도 있다.

모든 명칭 교육과 형용사, 수는 일상생활에 다 있다. 아이의 인지와 사고력 발달을 위해 집에서 기본적인 어휘들은 모두 가르쳐줘야 한다.

간혹 말을 전혀 못 알아듣는 먹통 아이들이 있다.

"원장님, 저희 반 재웅이가 질문을 하면 자꾸 동문서답을 하니 큰일이에요. 정말 답답해요. 어떻게 해야 할까요?"

담임 선생님이 발을 동동 구르는 예는 이렇다.

"사람들이 탈 것에는 자전거, 오토바이, 자동차, 비행기가 있고 또 여러 가지가 있어요. 이 중에서 재웅이는 어떤 걸 타봤어요?"

"나 그때 피자 먹어봤는데….''

매사가 이런 식이다. 아예 이야기의 맥락을 파악하지 못 하는 아이들이 있다. 대화 없는 가정에서 방치되는 아이의 예다. 또는 엄마가 모든 걸 다해줘서 생각할 기회를 안 주는 경우도 그렇다. 인지발달이 안 된 아이, 시간의 순서나 흐름의 개념도 없는 아이들에게 엄마의 언어와 눈높이 교육의 중요성은 아무리 강조해도 지나치지 않겠다.

이걸 어떻게 하면 좋을까? 우선 사물의 명칭을 익혀야 지식의 기반을 다질 수 있다. 무에서 유를 창조하기는 어렵지만 유에서 유를 창조하고 쌓아올리는 것은 가능하다. 진정한 창의성 교육은 기초 지식을 기반으로 해야 한다. 아무것도 없는 상태에서 무슨 교육이 발현되겠나? 가정과 일상에서부터 씨를 뿌려주어야 싹이 나고 열매를 거둘 수 있다. 어휘 교육은 필수 중에 필수다.

기적이 일어나기 1초 전,
그래도 포기하나요?

"원장님, 제가 이렇게까지 했는데 잘 안 되네요."

"저도 정말 참고 참고 또 참았는데 우리 애 안 돼요."

엄마들이 원에 와서 이렇게 푸념도 하고 해법도 물으신다. 정말 육아는 산전수전, 공중전, 화학전만큼이나 어려운 기싸움이다.

"맞아요. 참 어렵지요. 아이들이 어디 쉽게 크나요? 단번에 고쳐지던가요?"

다독이긴 하지만 엄마도 포기하면서 아이한테 왜 안 되냐고 혼을 내는지 되묻게 된다. 산의 정상에 올라가려면 더 이상 오를 곳이 없을 때까지 한 발 한 발을 내딛고, 노력에 노력을 기울이지 않으면 안 된다.

자녀 양육에 있어서만큼은 절대 몇 번 만에 포기하지 마시길. 끈기를 가지고 기다려주는 인내와 끊임없는 재시도가 필요하다. 첫술에 배부를 리도 없고 금방 이루어지는 건 더더욱 없다. 부모의 노력과 인내 그리고 신뢰가 있는 한 아이는 아주 미세하게, 달팽이의 속도라 할지라도 조금씩 달라지고 변화한다.

교육을 나는 콩나물시루에서 콩나물 키우는 장면에 종종 비유한다. 이거 자라고는 있는 건지, 물을 붓는 족족 주르르 흐르고 빠져나가는 것 같지만 사실 콩나물은 밤새 소리 없이 자라고, 내가 안 보는 동안에 굵어지지 않는가. 사람의 할 일은 때를 따라 물을 부어주는 것.

그러니 지금 이 순간이 고되고 지난하다 할지라도 '기적이 일어나기 1초 전'이라고 믿고 한 번만 더 기다리고 시도하자. 믿음이 있는 한 이루어진다. 우리의 할 일은 그저 오른발 앞에 왼발, 왼발 앞에 오른발을 내디뎌 갈 뿐.

한쪽 다리를 잃어서 목발을 짚고 다니는 장애인이 북미 대륙에서 가장 높은 산인 매킨리에 올랐다.

"노련한 등산가도 오르기 힘든 그 높은 산을 오르셨습니다. 어떻게 이렇게 어려운 일을 해낼 수 있었습니까?"

기자의 질문에 그의 대답은 간단명료했다.

"그저 앞을 보고 한 발씩 내딛었을 뿐이죠. 오른발 앞에 왼발, 왼발 앞에 오른발 내딛다보니 정상에 도착하게 됐습니다."

못 노는 아이,
용납 못하는 아이라면

 1등에 목숨 거는 아이, 경쟁해서 이겼을 때만 칭찬받는 아이, 지는 걸 용납 못하는 아이들의 배경을 살펴보면 제재하는 엄마를 발견하게 된다. 갯벌 체험학습이나 모래 놀이터에서 또래들과 신나게 놀지 못하는 아이들도 마찬가지다. 아예 입장 자체를 거부하거나 흙을 두려워하는 아이들이 있다.

 "아유, 오늘 신나게 놀았네. 정말 재밌었구나."

 엄마의 공감어린 칭찬을 받기보다는 신발 더러워졌다고, 옷이 이게 뭐냐고 혼내는 엄마의 얼굴이 떠올라 아이들은 움츠러든다. 신발이 진흙투성이가 됐다고 아이가 위험에 처하는 건 아니다. 그럼에도 까끌거리는 모래나 지저분한 양말을 못 견뎌하는 아이들이 많아지고 있다.

놀이할 때는 지는 것도 배워야 한다. 요즘은 줄 설 때도 1등 하려고 뛰고 달리고 밀치고 아우성이다. 성적이 상위권인데도 자살했다는 청소년들 소식을 들을 때면 한없이 안타깝다. 세상에 어찌 1등만 있을까? 내가 질 수도 있고, 등수가 좀 떨어질 수도 있지. 대신에 다음에 잘하면 되지! 다음에 더 잘해보자. 엄마들의 조급증이 아닌 격려가 필요하다. 비교나 속단, 난리 블루스 대신 앞을 보게 해주시길.

우리 원에서는 되도록 경쟁을 부추기지 않고 각자의 장점과 개성을 존중해주려고 노력하고 있다.

"오늘은 이 친구를 잘했다고 응원해주자."

게임에서 진 친구를 격려할 줄 아는 배려, 진 친구는 이긴 친구를 축하해줄 수 있는 아량. 함께 사는 인생에서 가장 필요한 성품이지만 참안 되는 것 중에 하나 또한 이런 마음이다.

사돈이 땅 사면 배 아픈 민족이지 않나. 배고픈 건 참아도 배 아픈 건 못 참는 경쟁심리와 비교의식이 남다른 우리다. 지나친 경쟁과 비교, 스트레스가 아이를 망친다. 함께 사는 세상, 더불어 사는 사회에서 엄마들이 경계하고 살펴줘야 하는 부분은 지금 당장이 아닌 아이가 살아야 할 미래라고 본다.

옆집 엄마 따라가는
교육은 그만

　　내 아이의 마음을 아프게 하는 사람은 다름 아닌 옆
집 엄마다.

　　"지금은 무슨 시대래요, 이게 교육의 대세죠… 새로 나온 학습지는
논술형이라서 어떻고, 스토리텔링 학습은 저떻고….〞

　　트렌드 따라가기 바쁜 엄마들의 맹목적인 교육열에 아이들은 혼란
스럽기만 하다. 옆집 아이가 하니까 우리 애도 반드시 해야 하나? 내
아이 교육에 대한 나름의 뚜렷한 철학과 우선순위를 가지고 다른 엄
마들의 이야기에는 휩쓸리지 마시라 부탁드린다. 우리 원은 아이들의
흥미와 관심에 따라 되도록이면 직·간접 체험 위주의 교육을 하겠다
는 신념을 꿋꿋이 지켜왔다. 그러면서 엄마들의 원성과 걱정을 자자

하게 들었다.

"선생님, 우리 애 한글 너무 늦게 깨치는 것 같아요. 애들은 공부 안 하나요?"

6살 2학기나 7살에 한글을 깨치는 편이니 다른 곳에 비교하면 느슨하거나 느린 원이라고 하겠다.

그럴 때마다 나는 진짜 공부를 다시금 되새긴다. 진짜 공부가 뭘까? 아이 스스로 하는 경험과 체험으로 체득되는 지식과 오감이 공부다. 뭐 하나 더 잘 쓰는 것, 한글 받침 잘 아는 것, 더하기 빼기만이 공부가 아니다.

부모님도 내 아이 양육과 교육에 대한 철학을 공유했으면 한다. 아이의 발달이 다소 늦다 싶어도 기다려주되, 내가 어떻게 하면 더 많은 긍정적 자극과 새로운 체험을 줄 수 있을까 고민했으면 한다. 옆집 엄마 때문에 비교 당해서 마음 상하지 않게 엄마가 먼저 아이의 방패가 되었으면 좋겠다.

"그거 안 시켰어? 우리 애 한자 하잖아. 아직 한자도 안 해?"

"아, 그래요. 한자 잘하겠네요."

더 이상의 대응이나 감정이입하지 말고 쿨한 답변으로 상황을 넘기면 그만이다.

싫다는 걸 길게 시키지 마시길. 다시 한 번 평정심과 균형감각, 마이페이스(my pace)를 잃지 마시길.

현재의 나나 우리 가족의 형편을 다른 집과 비교하지 말자. 위장과 가장으로 도배한 카페인(카카오스토리, 페이스북, 인스타그램)을 보며 시달리지도 말자. 사실 내 아이를 잘 키우는 데에는 높은 학식도, 많은 돈도 필요하지 않다. 그저 좋은 엄마가 되겠다는 마음과 의지만 있으면 된다.

요즘에 많이 느끼는 점이 있다. 엄마들은 섬과 같이 외롭다는 것. 배가 다가오기만을, 누가 말 걸어주기만을 기다리면서도 앞으로 나가거나 남에게 다가가지 않는다. 한마디로 폐쇄적이다. 사람들이 나를 거부할까 봐, 관계가 부서질까 봐 시도조차 안 한다. 결정장애, 관계장애로 움츠러든 모습을 자주 마주치게 된다.

'누가 나를 어떻게 볼까?' 의식하는 경향이 많아서 노심초사 타인의 눈을 신경 쓰느라 인생을 보내기에는 우리의 날이 너무나 아깝고 짧다.

생일 도자기 선물세트

······························

'드디어 우리 예진이의 도자기 그릇이 한 세트가 되었습니다!'

아이의 생일마다 도자기 식기를 선물하는데 4년 동안 받으면 풀 세트가 된다. 한 어머니가 이렇게 상차림을 해서 아이가 밥을 먹고 있는 사진을 보내주셨다. 작은 것 하나에도 감동하고 반응해주시는 부모님들께 정말 감사하다.

지구상에 하나밖에 없는 아이들에게 지극정성을 다했으면 좋겠다는 의미로 이천의 한 도자기 공방에서 맞춰 보내드리는 우리 원의 특별한 선물이다. 도자기와 함께 이런 편지로 마음을 전해드렸다.

밥그릇, 국그릇 생일선물 편지

행복은
내가 다가가는 것이 아니라
내게 다가와야 하는 것이라지요.

아주 천천히, 천천히 기다립니다.
기다림이 없으면
다가옴도 없고 행복도 만날 수 없을 테니까요.

사랑하는 이와 사랑하는 시간 속에서
행복이 다가와 주었습니다.

열 달을 품으며 행복으로 다가와줄 아이를 천천히 기다렸지요.

하나의 도자기가 완성되려면

합당한 흙을 골라

밟고, 두드리고, 밀고

초벌과 재벌구이를 거치죠.

1300도의 불 속에서 도자기로 완성되기까지

그 기다림과 설레임…

행복으로 다가온 우리 아이에게

기다림 속에서 완성된

귀한 그릇을 선물합니다.

앞으로도 끝없는 행복으로 다가와줄

우리 아이와 잘 어울리는 그릇이지요.

기다림 속에서 다가와

더 큰 그릇으로 거듭나는 우리 아이들을

두 눈에, 깊은 가슴에 가득가득 담아봅니다.

그래서 그래서

행복하고 행복합니다.

우리 곁에 와주어서 감사합니다.

원장 김영란 드림.

찬기(삼절접시) 생일선물 편지

예로부터 손기술이 뛰어났던 장인들이

빚어온 우리네 그릇, 도자기

식문화의 변화와

서양 식기들의 인기로 인해

식탁에서 밀려났던 우리네 그릇, 도자기

하지만 도자기에는

흙맛이 깃들어 있고

손맛이 은은해서

누구나 쉽게 만져보고

써보고 싶고

오래 사용해도 싫증이 안 나는 그릇입니다.

소박하면서도 우아한 멋을 풍기는

우리 그릇입니다.

우리 예쁜의 아이들도 그랬으면 좋겠습니다.

참된 품위가 깃들어

누구에게나 사랑받고 존경받는

오래오래 곁에 두고 함께 하고픈

멋이 있는 사람으로 성장하기를

간절히 간절히 소망합니다.

우리 아이가 세상을 만나

우리에게 찾아와준 소중한 날을 축복합니다.

우리에게 와주어서 감사합니다.

작년의 밥그릇, 국그릇에 이어

찬기입니다.

귀한 아이를 위한 귀한 밥상을 만들어 주세요.

구색이 맞춰지는 것 같아 내년을 벌써 계획합니다.

그래서 그래서 또 행복해집니다.

원장 김영란 드림.

···

사랑하라. 인생에서 좋은 것은 그것뿐이다.

조르주 상드

···

이것만은 꼭! :
가족들에게(실천편)

#키워드: 걱정나무 / 10분 사랑 / 최선 / 협업 / 배우자 / 규칙
유충 / 답습 육아 / 여행 / 5기 부모 / 4정 부모 / 꽃길

해법이 펄럭이는
걱정나무

사람이 다양하듯 가족도 참 다양하다. 조용한 가족, 다혈질 가족, 대화가 많은 가족, 싸움이 많은 가족…. 가족이라지만 각자의 입장과 상황은 다 다르고 그걸 공유하고 이해해줘야 할 가족 간의 시간이 줄어드는 것 같아 안타깝다.

가족의 일상과 경험을 공유하는 귀한 시간을 나무 한 그루를 둘러싸고 가져보면 어떨까? 아주 간단하다. 벽에 나무 모양을 붙여도 되고 소형 트리를 사서 꾸며도 된다. 각자의 걱정이나 당면 현안들을 포스트잇 등에 적어서 나뭇가지에 붙이거나 매단다. 그러고는 다른 가족이 해결의 댓글을 달아주면 된다.

"나는 요즘 이게 걱정이야, 나는 이런 일이 어려워요."

"소민아, 아빠는 옛날에 친구하고 이렇게 해봤거든. 시간은 좀 걸렸지만 나중에는 해결되더라. 그러니 걱정하지 말고 너도 한번 아빠처럼 해볼래?"

걱정나무 댓글 달기는 직장이나 모임에서, 친구끼리도 가능하다. 근심과 불안은 내용에 따라 당장 없앨 수 있는 것도 있지만 그리 쉽게 사라질 성질이 아닌 것도 많다. 떨쳐내기 어렵다면 스스로 대응(극복) 또는 동거하는 능력을 길러주는 것도 중요하다.

엄마가 나서서 불안 요소를 없애려고 하지 말고 아이 스스로 크고 작은 불안을 이겨낼 수 있는 해결력을 길러주시길. 걱정나무는 문제해결력과 끈기를 길러주는 데 상당히 효력이 있는 놀이이자 습관이다.

경험과 정보를 나누며 도움을 주고받다 보면 지혜의 유통기한은 길어지고 가족애는 한층 돈독해진다.

●

한 아이를 키우려면 온 마을이 필요하다.

― 아프리카 속담

사랑은 하루 10분을
내어주는 것

행복은 사랑하는 사람과의 관계 속에서 온다. 아이가 성장하고 사춘기를 거치면서 부모와의 관계에 문제가 생기는 경우를 많이 본다. 대부분의 부모들이 아이가 어릴 때 아이와 놀아주기보다는 열심히 일해서 돈을 많이 벌겠다는 생각에 골몰한다. 돈을 많이 버는 것이 아이와 가족을 위한 현실적인 길이라고 믿기 때문이다. 과연 돈이 많아지면 행복할까? 마음껏 끼를 발산하고 자유롭게 활동하며 자율성을 존중받아야 하는 시기의 아이들에게 시간 대신 돈으로 해줄 수 있는 것들이 더 클까?

어느 모임에서 만난 한 50대 사장님이 이런 고백을 했다.

"아이들이 어렸을 때는 세 딸을 위해 열심히 일하느라 애들과 놀아줄 시간이 없었어요. 다행히 아내 덕분에 애들이 잘 컸고 공부도 잘했지요. 50이 넘어 어느 정도 여유가 생겨서 아이들과 놀러도 가고 대화도 하려는데 막상 무슨 말을 해야 할지 모르겠더군요.

'이 어색한 분위기는 뭘까? 아빠란 사람이 딸들과 이렇게 할 말이 없었나?' 생각해보니 아이들과 일상에 필요한 간단한 질문과 대답만 했지, 사랑과 관심이 담긴 진지한 대화는 한 번도 안 했더군요. 놀아준 기억은 더더욱 나지 않았어요.

내가 자꾸 딸한테 말 걸고 여행가자고, 놀자고 하니까 '아빠 왜 그래? 너무 어색해?' 하고 정색을 하고 반문하는 거예요. 요즘은 '내가 집에서 아빠 맞나?' 왕따가 된 기분이 들어서 쓸쓸해지더군요."

부모와 아이가 터놓고 대화하고 놀이하는 것도 영유아기 때부터 습관이 되어야 가능하다. 그래야 아이가 좌충우돌, 질풍노도 사춘기를 거치면서도 부모와 겉돌지 않고 친밀한 관계를 유지할 수 있다. 아이들과 사랑을 나누며 놀아주는 시간, 하루 10분이면 충분하다.

매일매일이 아니어도 된다. 매일 놀아줘야 한다는 부담감은 내려놓고 시간을 낼 수 있을 때, 시간을 억지로라도 내서 아이와 놀아주자. 그러면 아이는 커서도 아빠와 함께한 추억과 유대감을 가지고 멀어지지 않을 것이다.

아이들이 크는 시간은 짧고 돈을 벌어야 할 시간은 길다. 살아남기 위해 분투하는 '가장 무거운 가장'들의 중압감을 모르는 바 아니나 인생과 행복의 우선순위를 다시금 점검해봤으면 좋겠다. 아이가 잘 때 퇴근, 잘 때 출근하는 매일이 반복되는 아빠라면 특히.

내가 이제야 깨달은 것은 / 장영희

사랑을 포기하지 않으면
기적은 정말 일어난다는 것을
누군가를 사랑하는 마음은
숨길 수 없다는 것을
이 세상에서 제일 훌륭한 교실은
노인의 발치라는 것을

어렸을 때, 여름날 밤
아버지와 함께 동네를 걷던 추억은
일생의 지주가 된다는 것을
삶은 두루마리 화장지 같아서
끝으로 갈수록 더욱 빨리 사라진다는 것을
돈으로는
인간의 품격을 살 수 없다는 것을
…

소와 사자의
최선

　　"엄마가 너 위해서 학습지도 시키고 태권도도 보내고
다 했잖아!"

　　엄마는 아이에게 늘 최선을 다한다. 과한 최선, 교육 과소비, 그게
문제다. 정작 아이가 원하는 건 엄마가 나를 사랑스러운 눈빛으로 봐
주는 순간, 내 얘기를 들어주는 몇 분, 나랑 놀아주는 1시간뿐인데 말
이다.

　　"누가 나한테 만화 틀어 달랬어요? 스마트폰 달랬어요? 나를 그냥
사랑으로 안아주라고요!"

　　스스로 속이거나 속지 마시길. 아이가 원하는 건 엄마의 최선이 아
니다.

사람마다 좋아하는 사랑의 언어는 다 다르다. 엄마가 듣고 싶은 말만 듣고, 하고 싶은 말만 할 게 아니라 아이의 마음의 소리를 들어주는 엄마가 되어주시길. 부모가 해주고 싶은 걸 해주는 건 정말이지 아이가 원하는 게 아니다. 배려와 사랑은 그것을 받는 사람의 입장에서 시작되어야 한다.

옛날에 소와 사자가 있었다.

둘은 너무나 사랑해서 결혼해 같이 살게 되었다.

둘은 서로에게 항상 최선을 다하기로 약속했다.

소는 사자를 위해 날마다 제일 맛있는 풀을 사자에게 대접했다.

사자는 풀이 싫었지만 사랑하는 소를 위해 참고 먹었다.

사자도 매일 소를 위해 가장 연하고 맛있는 살코기를 소에게 대접했다.

고기를 먹지 못하는 소는 괴로웠지만 참고 먹었다.

참을성에는 한계가 있는 법.

둘은 마주 앉아 이야기를 나누었지만 소와 사자는 크게 다투고 끝내 헤어지고 말았다.

헤어지면서 서로에게 한 말은 "난 당신에게 최선을 다했어"였다.

가정도
협업의 시대

　　어느 해인가 원에서 설문조사를 했다. 설문 문항 중에 이런 질문이 있었다.

　'내년에 듣고 싶은 부모교육 내용이 있으면 적어주세요.'

　통계를 내보니 2위로 올라온 답변이 '아버지 교육'이었다.

　그 이듬해 부모교육을 준비하면서 어떤 내용의 아버지 교육이 필요한지 타진해보려고 어머니들과 통화를 했다. 어머니들의 이야기는 이랬다.

　"애 아빠는 양육에 전혀 관심이 없어요. 제가 다 알아서 하기를 바라요. 혼자서 이리 뛰고 저리 뛰느라 너무 힘들어요."

　"애 아빠가 직업상 술을 자주 마셔야 해서 귀가가 너무 늦어요. 아이와 놀아줄 시간도 없고요. 아빠하고 거리감을 느껴서 그런지 아이는 맨날 엄마만 찾아요."

"애 아빠는 주말만 되면 소파랑 붙어서 TV만 보거나 잠만 자요. 주말에도 육아는 오로지 제 몫이에요."

"저도 남편과 똑같이 직장 생활하는데 청소, 빨래, 밥하기 모든 집안일을 전담하고 있어요."

하나같이 육아와 집안일, 시댁 대소사까지 혼자 감당하느라 너무 힘들다는 하소연들이다.

지금은 협업의 시대다. 장르를 넘나드는 융합과 컬래버레이션(collaboration), 아웃소싱이 대세인 세상, 독불장군이 아닌 한 혼자서 모든 분야를 다 잘 알고 모든 일을 한꺼번에 처리할 수는 없다.

원에서도 마찬가지다. 아이들과 매일 상호작용하고 관찰하며 함께하는 전문가는 담임교사다. 교육철학을 세워 교육의 방향을 제시하는 전문가는 원장이다. 또한 아이들의 건강한 먹거리를 책임지는 전문가는 영양사와 조리사다. 아이들의 안전한 등하원을 책임지는 전문가는 운전기사다. 그 밖에 따로 모시는 외부 강사는 그 분야의 전문가다. 원장이 모든 것을 다 할 수 없듯이 엄마도 집안일을 모두 책임질 수는 없다. 가정 구성원 모두가 각자의 기능과 역할을 살려 협업해야 한다.

문제는 '남편들을 어떻게 협업하도록 만드냐'는 것!

많은 아내들이 남편의 행동을 지켜보면서 참고 또 참는다. 정작 하고 싶은 이야기를 논리적으로 하지 못하다가 한꺼번에 폭발시켜버린다.

"내가 이러려고 결혼한 줄 아냐, 내가 파출부냐, 애는 매일 나만 봐야 하냐…" 등등 줄줄이 쏟아낸다. 그럼 남편들은 미안한 마음이 들기는커녕 이렇게 응수한다.

"내가 놀러 다니냐? 나도 직장 생활하느라 얼마나 힘든 줄 아냐? 집에 오면 좀 편안히 쉬고 싶다, 이렇게 잔소리를 하니 집에 일찍 들어오고 싶겠냐? …'

더 큰 소리로 쌓인 불만을 터뜨리거나 문을 박차고 밖으로 나가버린다.

현명한 엄마들이여, 여자들은 감성에 움직이지만 남자들은 논리에 움직여진다는 걸 명심하시길. 여자들은 화가 났다가도 남편이 "여보, 혼자 수고 많았지? 지나가다 이 머플러를 보니 당신한테 잘 어울릴 것 같아서 사왔어. 한번 해봐" 한마디에 그동안 서운했던 감정들이 눈 녹듯 사라진다. 그러나 남자들은 다르다.

"하늘 아빠, 내가 혼자 청소하고 저녁 준비하고 하늘이 씻기려니까 너무 힘들어요. 당신이 한 가지만 도와줄래요? 청소와 씻기는 것 중에 선택해보세요."

부드러운 말씨로 말한다면 남편도 도와준다. 아이도 마찬가지다. 아이가 어느 정도 컸다면 식탁에 수저 놓는 역할을 주는 것도 좋다.

각자의 전문성을 키우고 서로를 위하는 마음과 소통이 있는 협업의 가정, 그런 가정에서 자라는 아이라면 인간미와 협동심을 갖춘 멋진 인재가 될 것이다.

부부는 마주보는 것이 아니라 같은 방향을 향해 나아가는 동지다.

배우자에게 듣고 싶은
말 한마디

남편과 아버지 얘기가 나왔으니 내 초등학교 동창의
얘기도 덧붙이고 싶다.

"얼마 전 완주 아버님 장례식장에서 우철이 소식을 들었다. 몸도 안
좋은데 생계를 위해 운전하다가 사고를 당해 의식을 잃었다고… 지금
은 식물인간 상태라고….

나는 지금 가장이다. 두 분 부모님, 정신없이 살아가는 아내, 군대
간 큰아들, 대학에 입학하는 딸, 중학교에 들어가는 막내아들.

작은 건물도 있고 빚도 없이 어느 정도 안정된 삶을 살아가고 있지
만 항상 바쁘고 벅차다. 이번 설에도 양가 부모님 용돈, 거래처 선물,
설 준비, 세뱃돈으로 200만 원쯤 나간 것 같다. 이젠 둘째 대학등록금

도 마련해야 한다.

거실에서 6식구가 고스톱에 게임을 하며 놀고 있는 걸 보니 갑자기 아픈 몸으로 일을 했을 우철이가 생각난다. 그가 느꼈을 책임감의 짐이….

친구들 모두 건강해라! 언제 그 짐을 내려놓고 즐기며 살 수 있을지 모르지만 아프지 말고 자기 몸 잘 지켜라! 여자 친구들은 남편한테 "힘들지! 우리 식구 위해 최선을 다해준 당신 최고야!"라고 해줘라. 남자들은 그 말이 제일 듣기 좋은 말일걸. 그 말이면 남자들 어깨가 많이 올라갈 거다.

남자 친구들은 일하는 아내, 집에서 살림하는 아내 일들 잘 도와주면서 "와~ 당신 엄청난 일을 하고 있네. 당신 없으면 어떻게 살아. 고마워~"라고 해줘라.

올해는 모두 행복하고 건강하며 하는 일들 잘 되어서 대박 나는 친구들 되어라! 파이팅! 친구들."

설 연휴 마지막쯤에 본 밴드의 글이 내 마음에 훅 들어왔다. 특히 뇌종양을 앓고 있으면서도 밤낮으로 운전해야 했던 우철이의 사정이 딱하고 안쓰러웠다. 한 가정의 가장인 남자들의 어깨를 짓누르는 짐덩어리를 생각하니 내 어깨가 더 내려앉을 듯했다.

그러니 아내들이여! 나와 가족의 행복을 위해 남편들에게 용기를 주고 힘을 주시길. 빈정대지 말고 인정해주시길. '잘한다 잘해'가 아니라 '정말 잘했어'라고 진심으로 칭찬하고 밀어주십사 부탁드린다.

2016년 2월에 국립국어원에서 조사한 '배우자에게 듣고 싶은 말'의 설문조사 결과를 보고 놀란 적이 있다. '수고에 대한 감사의 말'이 81%, '능력에 대한 인정의 말'이 11%, 마지막으로 '성격에 대한 칭찬의 말'이 5.3%였다. 감사와 인정, 칭찬이라는 포근한 말 한마디에는 부자가 되었으면 한다. 사람은 말 한마디에 살고 말 한마디에 죽을 수도 있으니까. 도대체 말은 왜 이리 대단한 걸까!

안 먹으면 치운다,
규칙은 규칙!

"우리 애 밥 먹이는 게 제일 힘들어요. 진이 다 빠져요."

먹이는 게 힘든 엄마들에게 즉효 처방을 알려드린다. 어려서부터 생활이든 식사 습관이든 규칙이 있다는 걸 알아야 한다. 온 가족이 모이는 저녁 시간, 하루 일을 얘기하며 아이와 눈도 맞추고 생각을 나누는 황금시간이다.

"자, 지금부터 우리 맛있는 저녁 먹자."

나름의 쾌락에 빠진 아이는 딴 짓하느라, 노느라, TV 보느라 식탁은 거들떠도 안 본다. 엄마 말도 귀에 안 들어온다.

"엄마가 다시 한 번 얘기할 거야. 지금 와서 밥 먹지 않으면 엄마는 전부 다 치울 거야. 그럼 더 이상 네가 먹을 건 없어. 약속을 안 지켰으니까 엄마도 줄 수가 없어."

재차 선포한 대로 식구들이 다 먹을 때까지 아이가 오지 않으면 미련 없이 밥상을 치워보시라. 그래야 엄마가 상을 치우면 정말로 먹을 게 하나 없다는 무서운 현실을 깨달아 자동적으로 식탁에 앉게 된다. 정작 문제는 밥상을 치운 그다음이다.

"엄마 나 배고파."

"엄마가 아까 밥 없다고 두 번씩 말했지?"

"아아, 그래도 배고파."

이때 내 편이 되어 긴밀히 공조해야 할 남편은 '남의 편'으로 돌변한다.

"그럼 우리 통닭 시켜 먹을까, 아니면 피자? 전화번호가 어딨더라…."

내가 떼쓰면 내 맘에 드는, 다른 음식을 먹을 수 있다는 버릇이 들게 하다니. 부부가 미리 입을 맞춰 놓아야 어긋나지 않는 식사 습관 교육이 가능하다.

밥 안 먹는 아이들을 자세히 살펴보자. 에너지 소비를 안 하고 놀지 않는 아이들은 소화가 느려져 배고픔을 모른다. 밖에 나가서 몸을 움직이고 놀아야 밥맛이 돌든 입맛이 돌든 할 것 아닌가. 어른도 하다못해 나가서 쇼핑이라도 해야 배가 고프지 집에서 TV나 스마트폰만 품고 앉아 있으면 에너지 소비는 제로에 가깝다.

아이들을 신나게 놀게 해주시라. 집에서도 재잘재잘 대화하고 장난감 놀이라도 하고 나야 밥을 잘 먹는다. 아이가 잘 안 먹으려고 할 때는 혹시 내가 규칙 없이 밥을 먹인 건 아닌가? 영양소를 고루 갖춘 좋은 음식을 제대로 먹이지 못한 건 아닌가? 먼저 돌아봐야 한다.

규칙을 정해도 안 먹었다고? 그럼 한 끼쯤, 몇 시간쯤 굶겨도 생존에는 문제없다. 규칙은 규칙이니까.

멋진 성충은
유충에서부터

애벌레 때부터 나뭇잎을 많이 갉아먹은 유충은 크고 멋있는 성충으로 탈바꿈한다. 성충의 크기나 건강 상태는 애벌레 유충일 때 이미 결정이 난다고 한다. 의학 전문가는 아니지만 내가 오래 살펴본 관찰에 따르면 사람도 마찬가지 같다.

영유아기 때 어떤 영양분을 얼마나 균형 있게 섭취했느냐에 따라서 성인의 건강이 좌우되고 차이가 난다. 어렸을 때 섭취하는 양질의 영양분은 그래서 중요하다.

나의 어린 시절을 예로 들어보겠다. 안산 토박이인 나는 시골에서 자라나 인스턴트식품이나 과자라는 걸 아예 모르고 컸다. 아무거나 잘 먹었고 어른처럼 먹었다. 아버지가 씩씩한 나를 동네에 데리고 다니면서 소의 생간, 돼지고기 등을 먹이셨다. 할머니가 끓여주신 인삼물과 마을 언덕에 자라나는 보리수와 까마중이 내겐 천연 멀티비타민이자 보약이었던 셈이다. 온 동네를 돌아다니면서 참 많이도 먹었다.

내 여동생은 나와는 반대였다. 집에서 소꿉놀이를 즐기는 여성스러운 아이는 감기에도 자주 걸리고 늘 피곤해했다. 입도 짧아 가리는 음식도 많았다. 그러더니 출산 후에는 어지럼증이 심해서 에스컬레이터도 잘 못 탈 정도로 힘들어했다. 같은 도시락 반찬에, 같은 김치볶음을 먹으며 자라났지만 먹는 양과 에너지 소비가 달랐던 것이 건강의 차이를 만든 게 아니었을까? 체질의 영향도 있겠지만.

튼실한 성충으로 변신하려면 5대 영양소를 골고루 섭취할 수 있도록 부모가 신경을 쓰고 정성을 기울여야 한다. 아이가 좋아하는 것만 찾아 먹여도 성장은 가능하겠지만 나중에 체력이나 건강 상태를 보면 어디가 부족해도 부족하다.

어렸을 때 안 먹어본 것은 커서도 썩 좋아하지 않는다. 성장하면서 식성이 바뀌기도 하지만 유아기 때 좋은 식습관을 길러주는 것은 아이에게 평생의 건강을 물려주는 것과 같다고 본다. 건강에 대한 내 나름의 지론은 이렇다.

할머니 육아 vs 엄마 육아 vs 답습 육아

　　일하는 아들딸들을 대신해 손주를 키워주시는 할마(할머니 엄마), 할빠(할머니 아빠)들도 상당히 증가했다. 고강도 중노동인 황혼육아에도 불구하고 '애 본 공은 없다'는 말이 야속한 현실이다. 쌓여가는 서운함과 소통 부재, 세대차 등으로 어머니와 딸의 사이가 살짝 벌어지기도 한다.

　　할머니가 아이를 길러주시면 아이의 버릇이 없어진다, 발달이 느리다, 눈치만 빠르다 하지만 사실 할머니에 따라 다 다르기 때문에 뭐라고 딱 단정 지을 수는 없다.

　　할머니의 성품에 따라 아이도 다르다. 동네 아주머니들과 낮술을 즐기는 괄괄한 성미의 할머니, 그 아이도 산만하다. 손주한테 다 해주는 할머니의 아이, 6살인데도 4살 아이들이나 그리는 두족인(얼굴에 팔다리가 붙어 있는 사람)을 그린다.

오래전 일이지만 우리 손주 누가 때렸냐고 원에 무작정 찾아오신 할머니도 계셨다. 5살짜리 아이를 때렸다고 전후사정 알아보지 않고 누군지 보시겠다는 막무가내 할머니. 그때 우리 교사들은 참 힘들었다. 놀다 보면 아이들끼리 툭 칠 수도 있는 법. 어제 뭐했는지에 대한 기억조차 없는 아이를 붙잡고 특검 취조를 해야 하나? 정말 난감했다.

"할머니, 이렇게 오셔서 아이를 다짜고짜 부르시면 아이가 겁내 하고 두려워해요."

"혼내려고 온 게 아니라 내가 우리 손주하고 잘 놀라고 그런다오."

지금은 개인보호법 등이 있어서 부모 허락이나 입회 없이 타인이 아이를 만날 수 없지만 그때는 그랬었다. 지금 그 아이는 대학생이 됐으니까 백만 년 전 만큼이나 아득한 때 얘기다.

물론 좋은 할머니들도 많이 만났다. 참여수업 때마다 꼭 참여하셔서 '고생 많았다, 감사하다'며 선생님들을 독려해주시는 '어른다운' 분도 많으셨다. 반면 에너지가 넘쳐 내내 뛰어다니는 손주를 통제 못하는 마음 여린 분도 간혹 계신다. 엄마도 각양각색, 할머니도 천차만별이다.

원을 운영하며 할머니에서 엄마, 나로 이어지는 '답습의 영향력'이 얼마나 큰지 돌아보게 된다. 이런 인성을 갖추게 된 나는 엄마의 영향을 받았고, 엄마는 할머니의 영향을 받으며 자랐다. 중간에 용기 있는 누군가가 "이건 아니지, 이건 고쳐야 해" 하고 교육의 방법을 바꿔주지 않으면 내 윗세대를 그대로 따라서 생각하고 생활하게 되어 있다.

그러니 지금의 내가 제일 중요하다. 우리 할머니가 또는 엄마가 나를 이렇게 키웠어도 나는 내 아이를 위해 다른 길에서, 다른 선택을 하고 살겠다 결심해야 한다. '난 이렇게 컸어. 난 이래서 이래'는 비겁한 변명에 지나지 않는다.

"엄마, 날 왜 이렇게 키웠어? 내 신세가 이게 뭐야."

탓할 시간이 없다. 지금이라도 늦지 않았으니 새로이 나를 성장시키도록 노력해야 한다. 가히 혁명적인 변화, 방향을 돌이키는 액션이 필요하다. 이런 습성은 내 아이한테 절대 물려주지 말아야지 하고 내 마음을 빨리 전환할 수 있어야 한다. 구습을 과감하게 떨쳐버리고 바꾸는 것이 진정한 엄마의 용기다. 쉽지 않다는 걸 알기에 그런 엄마의 돌이킴이라면 쌍수를 들고 응원하겠다.

●

당신을 잘못된 방향으로 이끌었다고 부모를 원망하는 데는 만기일이 있다. 당신이 삶의 운전대를 쥘 만한 나이가 되었다면 책임은 당신이 져야 한다.

— 조앤 K. 롤링, 〈해리 포터〉 시리즈 저자

경험 부자,
여행 유산이 최고

아이한테 물려줄 최고의 유산은 뭘까?

'집, 건물, 현금, 형제자매? 신앙, 건강, 추억, 독립심…?'

사람마다 답이 다 다르겠지만, 나로서는 아이에게 물려줄 최고의 유산을 경험이라고 하겠다. 여행과 세상 경험이 아이에게 얼마나 큰 무형자산이 되는지 감히 측량할 수가 없어서 유감이다.

OT 때 여행을 강조했더니 주말마다 들로 산으로 나가는 가정이 많아졌다. 초등학교에 가서도 온 가족이 여행을 자주 다니는 우리 원의 운영위원 어머니를 우연히 길에서 만났다.

"선생님, 우리 효재가 이번에 특별한 상을 받아왔어요. 공부 잘했다는 우등상보다 훨씬 더 기쁘더라고요. 생활상이라고 예절바르고 친구를 위해 배려 잘하는 아이에게 주는 상이래요. 우리 효재라고 왜 욕을 모르고 나쁜 말을 모르겠어요? 전에 '친구가 그런 말 들으면 기분이 안 좋으니까 난 알지만 그 말을 안 할래' 하는 거예요. 얼마나 기특하고 대견하던지….”

아이와 같이 잘 놀아주고 교육도 잘 시키는 모범적이고 친구 같은 어머니셨다.

“이렇게 말하면 친구가 기분 나쁘겠지? 그러니까 너는 그런 말 안 하면 좋겠어. 말이나 행동 전에 친구를 먼저 생각해주자.”

엄마의 배려심이 아이에게도 그대로 전달된 것이다. 원에서 한 이불 놀이 등 부모참여수업이 도움이 많이 됐다고 감사해하신다. 블라인드를 내려서 림보 놀이도 하고 집에 있는 물건으로 이렇게 저렇게 놀 수 있어서 가족애가 더 끈끈해진 것 같다고 감사하다 말해주실 때마다 보람과 책임감을 느낀다.

캠핑과 여행을 많이 다니는 가족들, 같이 밥도 해먹고 모닥불 앞에서 얘기도 나누고 별도 구경하며 모기도 쫓아보는 경험, 값지다. 아빠의 출장 때도 가족이 함께 가서 낮에는 엄마하고 같이 다니고 저녁에 모여서 식사하는 등 오붓한 시간을 즐기는 가족들의 얘기를 들으면 내 마음도 다 흐뭇하다.

집에서도 아이와 함께할 놀이는 무한하다. 꼭 돈 주고 뭘 사거나 어디를 가서 해야 한다는 고정관념을 이제 깨뜨려버리시길.

키친타월, 신문지, 이불, 베개를 활용한 놀이도 재밌고 옷걸이에다 스타킹을 묶어서 하는 풍선 치기도 재밌다. 가정에서 간편하게 즐길 만한 놀이를 부록에 모았으니 QR코드를 참고하며 온 가족이 놀아보시길 권한다.

5기 있는 부모:
들어주기, 안아주기, 기다려주기, 다스리기, 대비하기

① 들어주기: 아이의 말에 두 귀를 내주자. 되도록 들어주고 제대로 경청해야 속마음을 온전히 이해하고 해답을 발견할 수 있다. 지긋이 경청하는 사람이 진짜 승자다.

② 안아주기: 스킨십은 말보다 강력하고 오래간다. 머리로 들어간 말은 잊어도 몸에 남은 흔적은 오래 간다. 아이는 스킨십에 실린 사랑을 먹으며 크고 튼튼해진다.

구약성경 전도서에 이런 말이 있다. '안을 때가 있고 안는 일을 멀리 할 때가 있으며….' 자녀가 초등학교 고학년만 되어도 뽀뽀나 포옹도 피하고 거부하기 시작한다. 부모는 '어느새 요 어린 것이 커버렸나' 싶어서 상처받는다. 마음껏 안고 볼 비비는 건 영유아기 때지 조금만 더 크면 도망가 버린다. 짧디짧은 뽀송뽀송 시절을 마음껏 누리시길.

③ 기다려주기: 아이나 부모나 울 때가 있고 웃을 때가 있다. 화낼 때가 있고 참을 때가 있다. 딱 5초만, 5분만 더 기다려보자. 욱하지 말자. 교사들에게도 늘 당부하는 말이다. "자기조절력을 잃으면 (아동 학대 등으로) 뉴스에 나온다." 아이가 느려도, 스스로 할 수 있도록 조금만 더 시간을 내고 기다려주자.

④ 다스리기: 나보다 우위인 마음을 다스리자. 낙심하지 않도록, 방심하지 않도록, 우쭐하지 않도록, 치우치지 않도록 평정심과 균형감을 유지하자! 속에서는 화가 나더라도 남편과 아이를 받아주는 너른 엄마가 되자.

⑤ 대비하기: 세상은 아이에게 안전한 것과 안전하지 않은 것으로 나뉜다. 순간적인 안전사고가 나지 않도록 위험요소들은 미리 치우자. 아이가 긁히거나 부러지거나 데이는 사고는 가정에서 80% 이상 일어난다. 뾰족한 것들, 다리미 등은 아이 손에 닿지 않도록 치워놓고 모서리나 벽, 방바닥에도 안전장치나 쿠션 등을 붙이면 좋겠다.

요즘은 엄마가 통화나 TV 보기, 스마트폰으로 SNS 등에 응답하는 사이에 사고가 나는 일이 많다. 순간의 부주의나 방심이 후회를 부르지 않도록, 운동조절능력이 부족한 아이를 위해 엄마는 더 높은 촉을 세우고 더 재빠른 선수가 되어야 한다.

부모도 알고 교사도 알고 있지만 실행은 참 어려운 다섯 가지 기운, 5기. 다시 한 번 짚어보자. 같은 말이라도 끝까지 여러 번 들어주자, 스킨십을 더 자주 하자, 아이는 아직 어리고 더디니까 조금만 더 기다려주자, 성급해지지 않도록 먼저 내 마음을 다스리자, 문제나 사고가 닥치기 전에 만반의 대비를 하자.

놀랍게도, 안타깝게도 아동학대의 80% 이상이 친부모가 주범이라고 한다. 내 마음을 다스리지 못하고 성급한 죄로 아이들이 방치되거나 화풀이의 대상이 되고 있다. 매일 5기 있는 부모, 5기 부리는 부모로서 아이들을 더 많이 사랑하시길.

●

할 수 있는 일을 매일 할 때 우주는 우리를 돕는다.

― 김연수(소설가)

4정하는 부모:
인정-수정-열정-긍정

아이가 몰라보게 성장하듯 부모도 이만하면 됐다 안
주하지 말고 조금씩 자라날 수 있으면 좋겠다. 부모로서, 날마다 도약
하는 긍정의 힘을 발휘하기 바라며 4가지 정, 4정을 권해드린다.

① 인정: 지금, 여기 나한테 일어나는 일과 상황들이 그리 유쾌하지
않다 해도 인정하고 받아들이는 지혜가 필요하다. 아이를 키우며 많
은 엄마들이 우울증도 겪으며 힘들어한다. 내 생활 뺏겼다, 아이 키우
느라 창창한 꿈과는 멀어졌다고 한탄하지 말고 내게 닥친 육아의 여
건과 상황을 인정하고 수용하는 지혜와 결단 말이다.

현 상황을 슬기롭게 극복해야 다음 단계에서도 잘할 수 있다. 육아

와 가정, 피할 수 없는 내 몫이라면 기꺼이 즐겨보자. '나를 있는 모습 그대로 사랑할 때 기적이 일어난다.'

② 수정: 〈나를 바꾸는 데는 단 하루도 걸리지 않는다〉라는 책 제목이 생각난다. 결국 내 안에 모든 문제와 해답이 있다는 것이다. 내 계획과 생각에 얽매여 내 마음속이 괴로우면 주변 사람들까지 괴롭히게 된다. '난 왜 이래?' 자책하거나 투정하지 말고 생각의 틀을 조금씩 깨보면 어떨까? 형체도 없는 울타리에 갇히고 고인 생각을 꺼내고 넓혀 유연해지자. 세상 모든 건 내 생각과 내 마음에 달렸다지 않는가.

어느 날, 여장부 스타일의 승우 엄마가 가족상담을 받고 싶다며 내게 전화를 하셨다.

"우리 승우를 이해하기 어려워서 요즘에 제가 많이 혼내요. 아이한테 상처만 주는 과민한 엄마 같아서 전문 상담을 한번 받아보고 싶어요."

그림으로 심리를 연구하는 소장님께 부탁했더니 부모의 그림을 2장씩 가지고 오라고 했다. 그림 판독한 내용을 들어보니 논리사고력이 뛰어난 엄마는 정치를 할 만한 재원이었다. 집에서 승우와 갓 태어난 동생을 돌보느라 쌓인 고립감과 스트레스가 아이와 남편에게 쏟아지니 화목해야 할 집안에는 혼내고 윽박지르는 다툼만 가득했다.

"엄마는 이 세상에 태어난 목적이 뭐죠? 지금은 이 아이들을 잘 성장시키고 행복하게 해주는 게 급선무라고 봐요. 일단 아이가 클 때까지는 엄마의 목적을 다하고, 아이들이 크고 나면 마음껏 재능을 펼치며 세상을 호령해도 늦지 않아요. 절대 손해 보는 일도 아니고요. 그림을 보니 남편은 회사에서 말도 못할 압박감에 시달리는데 집에서도 설 자리가 없네요. 그동안 너무 외로웠겠네요."

지금은 내 아이들을 잘 키우는 게 내 인생의 목적이라고 잠깐 동안만 생각을 바꿔보라는 소장님의 권유에 '원인은 나한테 있었구나' 하고 후회의 눈물을 보이셨다. 하고 싶은 것은 내가 포기하지 않는 한 할 수 있다. 귀중한 현재와 아이들을 꽉 붙잡고 놓치지 말자. 시간과 기회는 내 마음에 따라 없는 것 같아도 생기고, 있는 것 같아도 사라지지 않는가.

③ 열정: 내 삶에 대한 열정을 회복해야 한다. 내 일과 처지에 집중하고 장점을 찾았으면 좋겠다. 워킹맘은 가정에 전념하는 전업주부를 부러워하고, 전업주부는 돈 버는 워킹맘을 부러워하느라 소중한 에너지와 마음을 낭비하지 말자.

전업주부라면 '나는 돈으로 아이를 뒷받침해주진 못해도 아이와 더 많은 시간을 함께하고 있다'는 장점을 찾아보자. 아이가 공부하는 동안 엄마도 시간을 쪼개서 문화강좌나 모임 등 다방면으로 자기계발하는 데 투자했으면 좋겠다. 흘려보내는 자투리 시간이 촘촘하게 이어지면서 새로운 활력과 계획이 생길 것이다. 'Action breeds energy'라는 말을 실행해보니, 정말 움직일수록 힘이 나더라.

육아와 일을 애써 병행하느라 둘 다에서 죄책감을 느끼는 워킹맘이라면 '교육은 양보다 질이지' 하고 아이와 함께하는 시간만큼은 온 마음을 쏟으면 된다. 시간을 내기 어려운가? 돈과 마음을 내면 된다. 눈을 돌리면 돈을 투자해서 떠나는 여행이나 활동은 수두룩하다.

나는 주말에도 일하는 워킹맘이다. 유아교육에 대한 열정이 없으면, 이 일이 싫으면 못하겠지만 나는 이 일이 재밌고 즐겁다. 성취감이 중독인 양 나를 밀고 당겨준다. 그러니 자기 일에 자부심을 갖고 몰입하시길. 퇴근 후에는 그 몰입력을 아이와 가정으로 옮기면 된다. 이제는 습관이 되어서 그런지 자부심과 몰입력이 피로를 압도하는 것 같다.

④ 긍정: 매순간 많이 웃고 감사하자.

무엇보다 많이 웃었으면 좋겠다. 무표정인 엄마들이 많은데 그러면 아이의 표정도 그렇다. 감정 표현이 잘 안 되는 엄마의 아이도 감정 표현을 잘 안 한다. '한쪽 문이 닫히면 다른 문이 열린다'는 말은 진리다. 나는 이 말을 운명으로 받아들이고 매순간 즐기고자 한다. 재정적으로 어려울 때도 즐기면서 하니까 결국엔 해결됐다. 될 거라고 믿고 일하면 그대로 된다.

오늘은 내 인생 최고의 날이기에 자기 전에 매일 감사일기를 쓰고 있다.

감사일기를 써보면 내 언어도 마음도 생각도 진화하는(?) 걸 체험하게 된다. 내가 만나는 분들께 적극 권하는 것이 미래일기 쓰기와 함께 감사일기 쓰기다.

"오늘도 좋은 분들과 즐거운 하루를 보냈습니다. 하루 종일 글쓰기에 몰입할 수 있어서 감사합니다. 부대찌개 점심 맛있게 잘 먹었습니다. 오늘도 우리 아이 다친 곳 없이 잠든 모습 보게 해주셔서 감사합니다…"

하루 한 가지씩 고맙다, 감사하다는 말을 하다 보면 작은 것에도 행복해지고 삶의 풍요로움을 느낄 수 있다. 불평불만과 험담, 비판은 줄어들고 내 앞에 일어나는 모든 일과 사람을 즐기고 받아들이는 긍정과 다정다감한 마음을 얻게 된다.

●

네 배를 채워라.

즐겨라 낮에도 밤에도

춤추고 놀거라 낮에도 밤에도!

깨끗한 옷을 입고

네 머리를 씻고 물에 몸을 담가라

네 손을 잡은 아이를 바라보고

네 아내를 안고 또 안아 즐겁게 해줘라.

— 〈길가메시 서사시〉 중에서

* 감사일기 - 내 안의 나를 찾는 여행

2016. 2. 11. 목

* 두려우면 두려운 대로, 무서우면 무서운 대로 솔직한 심정으로 살다
  보면 조금씩 통제할 수 있는 능력이 생길 것이다.

* 자신에게 찾아오는 모든 일은 그것이 일어나야 할 때가 되었기 때문
  에 찾아온다.

* 역경을 뒤집으면 경력이 된다. 열등감은 비교와 의식에서 온다. 의식
  은 빈곤의식이냐, 풍요의식을 갖느냐에 따라서 좌우된다. 빈곤에서
  풍요의식으로 가려면 '자존감'이라는 다리 하나를 건너야 한다.

* "하고 싶은 일을 하려면 용기가 필요하다. 다른 사람들은 여러분에게
  강요할 갖가지 계획을 갖고 있다. 여러분이 원하는 일을 할 수 있기를
  원하는 사람은 세상에 하나도 없다. 그들은 여러분이 여행을 떠나길
  원하지만, 여러분은 자신이 원하는 것을 할 수 있다. 나도 그랬다." -
  캠벨

    — 안상헌 〈두려워 마라. 지나고 나면 별 것 아니다〉 중에서

민호, 민수 어머님께서 소천하셨다는 소식을 아침 일찍 아버님께 전
해들었다. 가슴이 먹먹하다. 너무나도 마음이 아프다. 한창 젊은 나이
신데 어찌 이런 일이….

수술 후 긴 투병생활을 해오신 모습을 보면서 내내 마음속으로 기도했었다.

'꼭 완치되어 사랑하는 민호, 민수와 행복하게 살아갈 수 있도록 해 달라고.'

민수 어머니는 하나님 곁에서 고통 없이 잘 지내실 거라 믿는다. 사랑스런 민호와 민수가 더욱 건강하고 씩씩하게 커가길 간절히 바래본다. 민호야! 민수야! 지금처럼 바르고 행복하게 잘 살자~

주여, 하나님 감사합니다.

1. 교사 연수자료 완성할 수 있게 해주셔서 감사합니다.

2. 제가 좋아하는 일에 몰두할 수 있게 해주셔서 감사합니다.

3. 오늘 하루도 아프지 않고 건강하게 하루를 지낼 수 있게 해주셔서 감사합니다.

4. 그동안의 운영 노하우들을 잘 정리해 체계화할 수 있도록 해주셔서 감사합니다.

5. 잠을 적게 잤지만 피곤하지 않게, 또 열정적으로 일할 수 있게 해주셔서 감사합니다.

모랫길을 꽃길로
바꾸는 노력

환경을 탓하고 좌절하기보다는 '지금 여기에서(now, here)' 주어진 환경을 바꿔보고자 노력하는 게 가장 빠르고 현명하다.

'나는 왜 이런 집안에서 태어났어? 나 왜 이렇게 결혼해서 이런 애들 낳고 살아야 돼?'

'왜 하필'이라는 늪에 빠져 있으면 헤어 나올 수가 없다. 허우적거리다 오히려 더 깊이 빨려들어 간다. '이제라도' 우리 가정의 분위기를 바꾸려고, 내가 먼저 솔선수범해서 바꾸려고 노력해야 한다.

네이트 판이나 인터넷 검색 1순위들은 종종 남편 욕, 시댁 욕, 누구누구 이혼 등으로 도배되어 있다. 세간의 관심이야 원래 통속적이라서 그렇다 해도 깨진 가정이 늘고 있다는 현실이 안타깝고 씁쓸하기만 하다. 그러기 이전에 엄마가 먼저 잘하겠다 다짐하고 노력하다 보면 남편도 바뀌지 않을까?

친정에 잘 안 하는 남편에게 불만만 터뜨릴 게 아니라 시댁과 시어른께 본인이 잘하는 모습을 보여주면 남편도 슬금슬금 친정에 잘하더라. 좋은 작용에는 좋은 반작용, 나쁜 작용에는 나쁜 부작용이 있으니 말이다.

불만과 섭섭함만 나열하다 보면 도와주기는커녕 두 사람의 사이가 점점 더 벌어질 수 있다. 마음의 문이 닫히고 벽이 더 높아지지 않기를 빈다. 남의 구두를 신어 봐도 그를 온전히 이해하기는 어렵다. 적어도 남의 구두를 신어보려는 시도, 이해하려는 시도는 해봤으면 한다. 물론 나의 노력이 전제되어야겠지만.

●

젊은 집배원이 있었다.

그의 업무는 도시에서 멀리 떨어진 작은 시골마을에 우편물을 배달하는 것이다. 작은 마을로 가는 길은 언제나 뿌연 모래먼지만 날릴 뿐 황량하기 그지없었다. 집배원의 마음은 왠지 우울했다. 시간이 지날수록 늘 똑같은 길을 왔다 갔다 하는 일에 짜증이 났다. 하지만 자신에게 주어진 그 길을 거부할 수는 없었다.

어느 날부터인가 그는 마을로 갈 때마다 꽃씨를 뿌리기 시작했다. 이듬해 봄이 되자 꽃들은 활짝 피어났고 향기는 길가에 그윽하게 퍼졌다. 여름에도 가을에도 꽃 잔치는 계속되었다. 꽃길을 걸으니 콧노래가 절로 나왔다. 늘 똑같던 길은 그때부터 달라지고 즐거워졌다.

— 김현태의 〈행복을 전하는 우체통〉 중에서

내 인생 최고의 날 초대장

··································

우리 원에서 최고의 아빠들을 모시기 위해 운동회 초대장을 이렇게 보내드린 적이 있다.

'아버님, 이번 주말 스케줄은 어떻게 되시는지요? ….'

다른 때는 겨우 30% 참석하던 아빠들, 그 해는 80% 이상 참여했다. 진심과 사연이 담긴 글은 몸과 마음을 움직인다. 온 가족에게 흥미진진한 내 인생 최고의 날을 누릴 기회를 자주 드리고자 우리의 이벤트는 종횡무진, 무궁무진하다.

작은 기업을 경영하는 아버지가 있었습니다.

바쁜 일정에 쫓기다보니 가정의 일과 자녀교육은 자연히 아내가 떠맡았지요.

아이들도 아버지와 함께하는 시간이 거의 없었습니다.

막내아들 녀석만 속도 모르고 아빠와 함께 있고 싶다고 매일 졸라대는 겁니다.

아버지는 피곤했지만 공휴일 하루를 아들과 함께 보내기로 약속하고는 집 근처 저수지에서 같이 낚시를 하고 집으로 돌아왔습니다.

내일의 업무를 준비하면서 아버지는 수첩에 '오늘은 아무것도 한 일 없이 하루를 보내고 말았다. 내일은 더 바쁘게 움직여야겠다'라고 적어놓았습니다.

고개를 들어보니 한쪽에서 새근새근 잠이 든 아들을 바라보던 아버지의 눈에 펼쳐진 그림일기가 들어왔습니다. 거기에는 아들이 꾹꾹 눌러쓴 글씨가 춤을 추고 있었습니다.

'드디어 우리 아빠와 함께 낚시를 갔다 왔다. 정말 재미있었다.

오늘은 내 인생 최고의 날이다. 난 아빠가 참 좋다'라고 적혀 있었습니다.

"아버님, 이번 주말 스케줄은 어떻게 되시는지요?"

●

특별한 사랑은 특별한 사람을 만나서 이루어지는 게 아니라

보통의 사람을 만나 그를 특별히 사랑하면서 이루어지는 것임을.

— 도종환

사랑의 꽃씨, 보람의 열매라는 싸움의 재미

아이들과 함께 꽃씨를 거두며

사랑한다는 일은 책임지는 일임을 생각합니다

사랑한다는 일은 기쁨과 고통, 아름다움과 시듦, 화해로움과 쓸쓸함

그리고 삶과 죽음까지를 책임지는 일이어야 함을 압니다

시드는 꽃밭 그늘에서 아이들과 함께 꽃씨를 거두어 주먹에 쥐며

이제 기나긴 싸움은 다시 시작되었다고 나는 믿고 있습니다

— 도종환 '꽃씨를 거두며' 중에서

　학교를 오가다가 또는 방학 때 졸업한 제자들이 원으로 찾아오곤 한다. 초등학생이 된 아이, 중고등학생이 된 제자, 유학 갔다 온 학생, 교사와 경찰이 된 사회인 제자에 이르기까지 연어가 돌아온 양 모두 반갑고 대견하다.

　작년에는 초등학생과 중학생이 된 제자들이 찾아왔다. 모두 원을 다니던 시절이 생생한 모양이었다.

"원장선생님, 저 발표회 때 부채춤 했던 거 기억나요. 우리 엄마는 그때 너무 감동 받아서 눈물이 났다고 했어요."

다른 아이도 기억을 꺼내놓는다.

"저는 원장선생님이랑 점심 데이트했던 생각이 나요. 요즘도 계속 하세요?"

"요즘은 내가 좀 바빠서 못하고 있지."

"점심 데이트 참 좋았는데… 다른 친구들도 그날을 얼마나 기다렸다고요."

"그래? 그럼 꼭 다시 해야겠다."

점심 데이트! 하루에 2명의 아이들과 원장실에서 점심 식사를 같이 하는 시간. 예쁜 그릇에 맛있는 음식을 담아 테이블 위에 멋지게 차려 놓는다. 아이들에게 식사예절도 알려주고 이런저런 이야기꽃을 피우며 서로를 알아가는 시간이다. 같이 먹고 마시는 시간이 많을수록 친해지는 게 사람이니까 더없이 귀한 데이트였다.

졸업한 지 한세월이 흐른 것 같은데 아이들은 아직도 그 순간들을 소중한 추억으로 간직하고 있었다.

"저희, 교실에 올라가 봐도 돼요?"

반짝이는 눈들이 이제 나에서 원으로 향할 시간.

"그럼, 올라가 봐" 했더니 "야호!" 환호성을 지르며 교실로 다다다 올라간다.

나는 목소리를 가다듬고 전체 교실에 제자들의 귀환을 전한다.

"애들아, 우리 원을 졸업한 언니, 오빠, 누나, 형이 너희들 보고 싶어서 놀러왔대요. 교실에서 만나면 반갑게 인사해주자."

"네~."

화살 같은 합창 소리가 교실에서 일제히 흘러나온다.

'애들이 아직 어린데 무슨 기억이나 하겠어!'라고 생각한다면 큰 오산이다.

아이들의 경험은 잊히고 사라지는 것이 아니라 마음속에 생생한 추억으로 남아 앞으로 살아가는 힘이 되는 것이다. 될수록 좋은 추억들이 방울방울 마음에 맺히기를. 사랑 한 알에 기쁨 한 알, 추억 한 알에 웃음 한 알씩.

'그 '반짝'의 순간이 때론 평생의 힘이 되는, 평생의 추억이 되는 기억으로 남곤 하니까 그러니까 우리는 또, 하고 싶어지는 게 아닐까? 여행을, 그리고 사랑을'이라고 말했던 도스토옙스키처럼 나는 또 아이들의 초롱초롱한 눈망울들을 향해 말하고 듣고 책을 쓰고 싶어진다.

부족한 책을 지으며 참 많은 유아교육 도서들을 참고했다. 실용서가 되었다가 놀이책이 되었다가 책의 콘셉트도 엎치락뒤치락 하며 정성을 쏟았다. 곧 이어질 파더스쿨, 부부스쿨, 티처스쿨에는 더욱더 최선을 다하리라 다짐해본다.

  여전히 모든 아이들은 다 사랑스럽다.

  이들이 모두 세상을 살맛나게 하는 사람들로 잘 자랐으면 좋겠다.

  기나긴 싸움일지라도 나는 영영 그 재미로 살 것 같다.

  르느와르의 말처럼 고통은 지나가지만 아름다움 아니 보람은 남으

니까.

아이를 키우면서 내가 제대로 교육하고 있나 싶을 때 원장님을 만났다.

원장님의 부모 참여수업을 통해서 참된 부모 되기와 바른 훈육법, 생활 속 실천법을 배울 수 있었다.

'내 아이가 부러워하는 부모가 되자'라는 내 육아 철학에 원장님의 교육은 길잡이가 되었다. 일상에서 이 철학을 잊어갈 때쯤 원장님의 부모교육에 다시 정신을 차리고 부모 십계명을 되새기며 내 아이를 위해서 '오기 있는 부모, 사정하는 부모, 될 때까지 노력하자'를 다짐하게 된다.

두 아이를 키우는 내내 원장님은 조력자이자 스승이 되어 주신다. 아이들을 진심으로 사랑하는 마음이 가슴으로 느껴진다. 언제까지나 교육자의 초심이 지속되기를 간절히 바란다.

— 원예진, 원동현 엄마 김호정

2004년 교사로 첫발을 디디던 해, 첫눈이 내린 날이었다.

"선생님 첫눈이 내리네요! 길 조심하시고 예쁜 눈 감상하세요. 선생님과 같이 일할 수 있게 되어 기쁩니다^^"라는 원장님의 따뜻한 문자에 추위도 잊어버렸다.

첫 번째 책 〈꿈꾸기, 행복의 조건〉도 그랬고 이번 〈마더스쿨〉도 한 장 한 장 넘기는 동안 따뜻한 기운이 마음에 감돈다. "그때 5분만 아이의 얘기를 들어줄 걸" 하는 공감과 반성도 하게 된다. 두 아이의 엄마지만 아직 내 아이의 마음을 잘 헤아리지 못하는 나에게 필요한 학교, 마더스쿨.

이 시대 모든 마더들의 가슴에 따뜻한 울림과 격려를 선물해주신 김영란 원장님께 감사드린다.

— 조경희, 조담희 엄마 안선영

20여 년을 뵈어 온 원장선생님이 '이 책 속에 있구나' 하는 설렘으로 한달음에 읽었다. "내 아이의 첫 학교는 어린이집도, 유치원도, 초등학교도 아닙니다. 바로 우리 어머님들의 따뜻한 무릎학교가 그 시작입니다"라는 부모교육 때의 말씀이 순간순간 떠올랐다. 무릎학교가 아이에게 얼마나 중요한 거름이 되는지 알게 해주신 김영란 원장님께 머리 숙여 감사드린다.

나는 '열정'하면 가수 혜은이 씨보다 원장님이 먼저 떠오른다. 원장님처럼 열정과 자부심을 잃지 않는 학부모로서 내 아이의 행복을 위해 더욱 노력해야겠다.

원장님, 늘 응원하고 존경합니다.

— 박지율, 박시곤 엄마 나윤설

젊은 부모들은 그 부모나 선배 세대들이 경험하지 못한 다원화된 교육 환경 속에서 고심하고 있다. 김영란 원장의 〈마더스쿨〉은 실제 유아교육 현장에서 경험한 풍부한 사례들을 보여주면서 부모들의 혼란과 시행착오를 줄여주는 구체적 길잡이의 사명에 충실하다. 반갑고 기쁘고 축하드린다.

— 정은숙 시립 금정동어린이집 원장

유아 교육자임에도 아이를 키우면서 늘 고민했던 기억이 있다. 김영란 원장은 조바심 내는 미리미리 엄마들에게 함께 놀며 상상력 키우기, 제때를 기다리는 '적기맘'이 되라고 권면한다. 아이에게 협업과 공감 능력을 길러주지 못하면 자기애만 커지게 되기 때문이다.

이 책은 유아교육자로서의 전문지식과 현장 경험을 바탕으로 엄마와 아이의 소통방법, 영감과 호기심을 성장시키는 방법, 가정에서 아이와 상호작용하는 방법 등을 담았다. 자녀의 진정한 행복과 성공적인 삶을 원하는 대한민국 엄마들에게 좋은 방향을 제시해줄 멋진 책이라고 확신한다.

— 한영희 한스유치원 원장

'삶으로 가르치는 것만 남는다'라는 말에 다시 한 번 공감하게 되는 책이다.

유아교육현장에서 아이들과 함께 몸과 영혼으로 경험해주신 원장님의 글을 보며 나 역시 공감하는 부분이 많았다.

교육사명자의 지혜와 진심이 고스란히 담긴 〈마더스쿨〉은 육아 전쟁을 치르는 부모들에게 자녀교육의 실행법을 제시하는 희망등대가 되리라 믿는다. 자신 있게 권해드린다.

— 고선해 유아행복연구소장

김영란 원장의 〈마더스쿨〉은 펜으로 쓴 이야기가 아니다. 실제 체험과 성찰을 통하여 몸으로 쓴 글이다. 옛 사람들은 육필(肉筆)만을 참글이라 생각했다. 많은 교육서들이 감동을 주지 못하는 것은 머리에서만 나온 글이기 때문이리라.

이 책은 한마디로 어린이들을 행복하게 해주는 이정표(milestone) 같은 책이다. 우리 자녀들의 어린 시절을 풍요롭게 하는 것이 부모와 교사의 사명이기에 강력하게 추천한다.

— 곽노의 서울교육대학교 교수, 아동교육연구소 소장, 한국아동숲교육
학회 회장

'경험에서 나온 진솔함, 교육 실천가의 고민, 아이를 키우는 엄마들에 대한 사랑.'

엄마의 손길과 대화는 아이의 인생에 바탕이 되는 애착과 자존감의

필수요소인데, 바로 이 책에 그 지혜와 방법이 오롯이 담겨 있다.

육아와 교육 그리고 일이라는 여러 역할을 동시 수행해야 하는 엄마들에게 인생에 소중한 것들을 놓치지 않도록 도와주는 이 책을 선물하고 싶다.

— 하태민 꿈학관교육센터장

부록:

엄마와의 애착, 놀이가 중요

....

아이는 엄마와의 애착관계를 통해 비밀지도를 갖게 된다. 그 비밀지도는 친구와 세상을 바라보는 마음의 눈이 될 수 있다. 애착이 잘 이루어진 아이는 자기를 신뢰하고 또한 타인도 신뢰하기 때문에 사람을 해석하는 눈이 긍정적이다. 엄마와 나눈 애착이 아이를 인도해주는 셈이니, 애착이야말로 아이에게 좋은 내비게이션을 탑재해주는 큰 선물이라고 본다.

아이와 엄마가 안정적인 애착을 쌓는 데는 눈맞춤과 놀이만큼 좋은 게 없다. 엄마와의 애착을 돈독히 할 수 있는 하루 10분 놀이 24가지를 제안하고 싶다. 집에 있는 소품을 가지고 할 수 있는 손쉬운 놀이들이니 온 가족이 즐겁게 참여하시길.

책으로 가르치는 것보다 접촉이 많은 놀이를 통해서 예의와 대화, 사회성 같은 인성을 체득할 수 있으니 훨씬 효과적이다. 비밀지도의 핵심은 바로 인성이고, 인성의 싹은 애착에서 자란다.

놀이를 하면서 엄마의 언어가 어떻게 소통하고 상호작용하는지 주의 깊게 살펴보면 좋겠다. 간단하나마 아이와 안정적 애착을 나누면서 상호작용하는 법, 인성과 자존감을 길러주는 법을 안내해보겠다.

10분 놀이 페이지 하단에 있는 QR코드에는 아이들과 함께 해본 놀이나 손유희 등을 촬영한 동영상을 담았다. 휴대폰으로 QR코드를 스캔해서 실제 놀이에 참고하시기 바란다.

이제 아이와 힘들게 놀아주지 말고 즐거이 노시길!

신체 놀이

준비물	건강한 몸	1월
시작해요	• '주먹 쥐고' 노래를 부르며 손유희를 해요. ♬ 주먹 쥐고 손을 펴서 손뼉 치고 주먹 쥐고 또 다시 펴서 손뼉 치고 두 손을 머리에 햇님이 반짝 햇님이 반짝 햇님이 반짝 반짝거려요.	

활동해요	① 엄마가 '랄랄라 팔꿈치'라고 말하면 엄마의 팔꿈치와 아이의 팔꿈치를 자석처럼 붙여요.
	② 엄마가 '랄랄라 코'라고 말하면 서로의 코를 자석처럼 붙여요.
	③ 아이가 '랄랄라 ㅇㅇ'라고 말하면 자석처럼 붙여요.
	  * 아이가 다양한 신체부위를 말할 수 있도록 기회를 충분히 주세요.
	④ 엄마와 아이가 서로 마주보고 앉은 뒤 서로의 팔꿈치를 잡아요.
	⑤ 노래를 부르며 번갈아 움직여요.
	⑥ 엄마와 아이가 등을 대고 앉은 뒤 팔을 걸어요.
	⑦ 등을 번갈아 움직이며 노래를 불러요.
	⑧ 엄마의 발목에 아이를 앉혀요.
	⑨ 눈맞춤하면서 비행기를 태워주세요.
	  * 엄마가 비행기 기장이 된 것처럼 연기해주세요.	

정리해요	• 엄마가 아이를 안아주며 'ㅇㅇ야! 사랑해~' 말해주세요. • 아이는 "엄마 놀아주셔서 감사합니다."라고 인사하고 엄마는 "엄마랑 놀아줘서 고마워."라고 말하고 안아줘요.	

옷 입기 놀이

준비물	다양한 옷	1월
시작해요	• '싱글벙글' 노래를 부르며 손유희를 해요. ♬ 싱글싱글싱글싱글 벙글벙글벙글벙글 우리 모두 고개 돌려 (휙~) 　싱글싱글싱글싱글 벙글벙글벙글벙글 옆 사람과 인사합시다. 　(안녕하세요?) 　싱글~ 랄랄라 벙글~ 싱글벙글해.(짝짝) 　싱글~ 랄랄라 벙글~ 싱글벙글해.(짝짝)	
활동해요	① 꺼낼 옷의 종류와 개수를 정해요. ② 옷장에서 엄마 옷과 아이 옷을 꺼내요. 　* 아이가 스스로 옷을 선택하게 해주세요. ③ 아이와 꺼낸 옷을 살펴보며 이름을 말해요. ④ 입는 방법도 이야기 해보며 입어봐요. ⑤ 엄마가 "준비~ 시작"을 외치면 꺼내 놓은 옷을 모두 입어요. 　* 더 이상 입지 못할 때까지 입어요. ⑥ 입었던 옷을 모두 벗어요. 　* 누가 빨리 벗는지 시합을 해도 좋아요. ⑦ 벗은 옷을 하나씩 하나씩 개어요. ⑧ 아이가 좋아하는 옷은 어떤 옷인지 물어봐요. 　* 왜 좋은지 이유를 물어보세요.	
정리해요	• 개어 놓은 옷의 이름을 말하며 옷장에 정리해요. • 아이는 "엄마 놀아주셔서 감사합니다."라고 인사하고 엄마는 "엄마랑 놀아줘서 고마워."라고 말하고 안아줘요.	

비닐봉지 놀이

준비물	비닐봉지 4장	2월
시작해요	• '옆에 옆에 '노래를 부르면서 안마를 해줘요. ♬ 옆에 옆에 옆에 옆으로 옆에 옆에 옆에 옆으로 위로 아래로 위로 아래로 위로 아래로 위로 아래로	
활동해요	① 아이의 발에 비닐봉지 2개를 신어요. ② 엄마의 발에 비닐봉지 2개를 신어요. ③ 윗부분은 비닐봉지 손잡이로 묶어 발이 빠지지 않게 해서 스키를 만들어요. ④ 스케이트 타는 흉내를 내며 비닐스키를 타봐요. ⑤ 엄마와 아이가 손을 잡고 같이 비닐스키를 타요. ⑥ 엄마는 비닐스키를 벗어요. ⑦ 아이가 앉으면 엄마가 아이의 두 손을 잡고 끌어줘요.	
정리해요	• 다 사용한 비닐봉지를 동그랗게 말아 분리수거해요. • 아이는 "엄마 놀아주셔서 감사합니다."라고 인사하고 엄마는 "엄마랑 놀아줘서 고마워."라고 말하고 안아줘요.	

양말 놀이

준비물	아이 양말 5~7켤레, 엄마 양말 5~7켤레	2월
시작해요	• 아이가 좋아하는 양말 5~7켤레를 찾아오게 해요. • 엄마가 좋아하는 양말 5~7켤레를 찾아와요.	
활동해요	① 엄마와 아이 양말을 펼쳐서 크기와 색깔을 관찰해요. ② 펼친 자신의 양말을 엄마와 아이 모두 여러 컬레 신어보고, 또 벗어요. ③ 아이의 양말을 편 뒤 일렬로 놓아 징검다리를 만들어요. ④ 엄마의 신호에 맞추어 아이가 양말 사이사이로 걸어요. 　* 양말의 패턴을 만들어 징검다리를 놓아주세요. 　* 양말은 아이가 선택해요. ⑤ 노래의 리듬에 맞추어 징검다리를 건너요. ⑥ 아이의 눈을 감게 하고 양말 한쪽을 숨겨요. ⑦ 아이는 눈을 뜨고 숨긴 양말을 찾아요. ⑧ "양말로 어떤 놀이를 해볼까?"라고 질문한 뒤 아이가 생각한 새로운 양말놀이를 해요.	
정리해요	• 엄마가 양말 정리하는 방법을 알려줘요. • 엄마와 아이가 함께 양말을 정리해요. • 아이는 "엄마 놀아주셔서 감사합니다."라고 인사하고 엄마는 "엄마랑 놀아줘서 고마워."라고 말하고 안아줘요.	

로션 놀이

준비물	베이비로션, 김장용 비닐, 투명박스테이프, 키친타월	3월
시작해요	• 아이의 엄지손가락에 로션을 짜줘요. • 아이의 엄지손가락 위에 있는 로션을 엄마의 새끼손가락에 묻혀 아이의 손톱 위에 바르며 '작은 별' 노래를 불러 줘요. ♬ 반짝 반짝 작은 별 아름답게 비추네! 서쪽하늘에서도 동쪽하늘에서도 반짝 반짝 작은 별 아름답게 비추네!" * '작은 별' 가사에 아이의 이름을 넣어 불러주세요. 예) 반짝 반짝 성훈이 별 아름답게 비추네.	
활동해요	① 투명박스테이프로 고정한 김장용 비닐을 가운데 두고 아이와 얼굴을 마주보고 앉아요. ② 엄마 손바닥에 로션을 짠 뒤 아이의 손과 만나요. ③ 손을 만진 뒤 손깍지도 껴서 아이와 함께 촉감을 느껴봐요. ④ 비닐 위에 로션을 짠 뒤 손바닥으로 펴줘요. ⑤ ○, △, □ 모양, 얼굴, 집 등 자유롭게 그림을 그려요. ⑥ 아이에게 "이번엔 어떤 그림을 그려볼까?"라고 질문한 뒤 아이가 말한 것을 그림으로 그려보세요.	
정리해요	• 아이와 함께 로션냄새를 맡아요. "어떤 냄새가 나니?"라고 질문도 해주세요. • 키친타월로 아이는 엄마 손을, 엄마는 아이 손을 닦아주세요. • 아이는 "엄마 놀아주셔서 감사합니다."라고 인사하고 엄마는 "엄마랑 놀아줘서 고마워."라고 말하고 안아줘요.	

꼬깔콘 과자 놀이

준비물	꼬깔콘, 종이컵 2개	3월

시작해요	• '통통통통' 노래를 부르며 손유희를 해요. ♫ 통통통통 털보 영감님 통통통통 혹부리 영감님 통통통통 코주부 영감님 통통통통 안경 영감님 통통통통 손을 위로 팔랑팔랑팔랑팔랑 손을 무릎에

활동해요	① 종이컵 안에 꼬깔콘을 넣어요. 　* 숫자를 세면서 꼬깔콘을 5개씩 넣어요. ② 종이컵 안의 꼬깔콘을 손가락에 끼워요. ③ 아이의 손가락에 끼운 꼬깔콘 하나를 엄마에게 먹여줘요. ④ 엄마의 손가락에 끼운 꼬깔콘 하나를 아이에게 먹여줘요. 　* 손가락에 끼운 꼬깔콘이 없어질 때까지 해요. ⑤ 종이컵에 다시 꼬깔콘 5개씩 넣어요. ⑥ '가위바위보'를 해서 진 사람이 이긴 사람에게 꼬깔콘을 먹여줘요. ⑦ "꼬깔콘을 어떤 방법으로 먹어볼까?"라고 질문한 뒤 아이가 생각한 새로운 방법으로 먹어요.

정리해요	• 엄마의 종이컵 위에 아이의 종이컵을 포개어 정리해요. • 아이는 "엄마 놀아주셔서 감사합니다."라고 인사하고 엄마는 "엄마랑 놀아줘서 고마워."라고 말하고 안아줘요.

뽁뽁이 놀이

준비물	뽁뽁이(에어캡) 1마(90cm × 90cm)	4월
시작해요	• 엄마와 아이가 마주 보고 긍정의 박수 놀이를 해요. 　나(짝) 는(짝) 내(짝) 가(짝) 정(짝) 말(짝) 좋(짝) 다(짝) 　나는(짝짝) 내가(짝짝) 정말(짝짝) 좋다(짝짝) 　나는 내가(짝짝짝짝) 정말 좋다(짝짝짝짝) 　나는 내가 정말 좋다(짝짝짝짝짝짝짝짝)	
활동해요	① 뽁뽁이를 아이와 엄마 가운데 놓아요. ② 엄마가 '땅' 하면 터트리고 '얼음' 하면 멈춰요. ③ 아이가 '땅'하면 터트리고 '얼음' 하면 멈춰요. ④ 주먹→손바닥→발바닥 등 신체부위를 바꾸어 터트려요. ⑤ 일어나서 발바닥으로 터트린 뒤 뽁뽁이를 반으로 접어 배를 만들어요. ⑥ 뽁뽁이 배 위에 올라가요. 　* 배 밖으로 나오면 안 된다고 알려주세요. ⑦ '즐겁게 춤을 추다가' 노래를 부르며 율동하다가 엄마가 노래를 멈추고 '얼음'이라고 　외치면 멈춰요. ⑧ '얼음' 한 뒤에 미션을 주세요. 　* 얼굴 대고, 손 대고, 엉덩이 대고 등 　　(예— 얼굴 대고라는 미션일 경우 '그대로 멈춰라' 부분에 '얼굴을 대세요.'라고 개사하면서 행동으로 　　표현해요.) ⑨ 미션은 엄마와 아이가 번갈아 가며 주세요. ⑩ 미션을 한 뒤 배를 다시 반으로 접어 놀이를 반복해요.	
정리해요	• 뽁뽁이를 접어서 정리해요. • 뽁뽁이 놀이는 어땠는지 느낌을 서로 이야기 나눠요. • 아이는 "엄마 놀아주셔서 감사합니다."라고 인사하고 엄마는 "엄마랑 놀아줘서 고마 　워."라고 말하고 안아줘요.	

신문지 놀이

준비물	신문지 $\frac{1}{8}$ 조각 15장, 바구니	4월
시작해요	• 신문지로 까꿍 놀이를 해요. * 6, 7세 아이와는 얼굴 표정 바꾸기 놀이를 해보세요.	
활동해요	① 엄마는 신문지 7장, 아이는 3장을 나눠 가져요. ② 종이 많이 찢기 대회를 해요. ③ 찢은 종이를 하늘로 날리며 내리는 눈을 표현해요. ④ 찢은 눈을 뭉쳐 신문지 공을 만들어요. 　* 뭉친 신문지를 찢지 않은 신문지로 감싸주세요. ⑤ 엄마의 양손으로 깍지를 끼워 농구대를 만들어요. ⑥ 아이가 신문지 공을 엄마의 팔 농구대에 골인시켜요. ⑦ 아이가 성공할 때마다 팔 농구대를 조금씩 뒤로 이동해 거리를 점점 멀리해요. ⑧ 아이가 양손으로 깍지를 끼워 농구대를 만들어요. ⑨ 엄마가 신문지 공을 아이의 팔 농구대에 골인시켜요.	
정리해요	• 바구니를 적당한 거리에 둬요. • 신문지 공을 던져 바구니 안에 골인시켜서 정리해요. • 아이는 "엄마 놀아주셔서 감사합니다."라고 인사하고 엄마는 "엄마랑 놀아줘서 고마워."라고 말하고 안아줘요.	

이불 놀이

준비물	이불	
		5월

시작해요	• '거북이 가족' 노래를 부르며 손유희를 해요. ♬ 아빠 거북이 아빠 거북이 위로 갔다 아래로 갔다 옆으로 갔다 쏙 엄마 거북이 엄마 거북이 위로 갔다 아래로 갔다 옆으로 갔다 쏙 아기 거북이 아기 거북이 위로 갔다 아래로 갔다 옆으로 갔다 쏙
활동해요	① 이불을 가운데 두고 엄마와 아이가 마주보고 앉아요. ② 이불 안에 손을 집어넣어 손을 잡아요. ③ 엄마의 손가락 중에 엄지손가락을 찾아요. * 엄지손가락, 검지손가락, 중지손가락, 약지손가락, 애지(새끼)손가락 순서대로 찾아 주세요. ④ 이불의 3분의 1 지점에 아이를 앉혀요. * 아빠다리를 할 수 있도록 해주시고 손으로 양 옆의 이불을 잡을 수 있도록 해주세요. ⑤ 엄마가 이불의 끝을 잡고 끌어요. * 집안 곳곳을 다녀주세요. ⑥ "이불로 어떤 놀이를 하면 좋을까?"라고 질문한 뒤 아이가 생각한 새로운 이불놀이 를 해요.
정리해요	• 아이와 함께 이불 끝을 잡고 정리해요. • 아이는 "엄마 놀아주셔서 감사합니다."라고 인사하고 엄마는 "엄마랑 놀아줘서 고마 워."라고 말하고 안아줘요.

카나페 만들어 먹기

준비물	크래커, 새싹 채소, 햄, 치즈, 짜먹는 요플레, 딸기잼, 접시, 쟁반	5월
시작해요	• 카나페 만들 재료들을 아이와 함께 준비해 주세요. • "이 재료로 어떤 요리가 될까?"라고 질문하여 아이에게 상상과 기대감을 갖도록 해 주세요.	

활동해요	① 크래커 위에 딸기잼을 발라요.
	② 딸기잼을 바른 크래커 위에 햄과 치즈를 올려요.
	③ 치즈 위에 짜 먹는 요플레를 짜요.
	④ 짠 요플레 위에 새싹 채소를 올려요. 카나페 완성!!!
	   * 카나페를 여러 개 만들어요.
	⑤ 만든 카나페를 예쁜 접시에 담아요.
	   * 다른 가족의 카나페도 만들어 접시에 담아두어요.
	⑥ 먼저 아이가 엄마 입 속에 카나페를 넣어드리며 "엄마, 맛있게 드세요."라고 말해요.
	⑦ 엄마가 아이 입 속에 카나페를 넣어주며 "○○야, 맛있게 먹어."라고 말해요.	

정리해요	• 재료들을 주방에 갖다 놓아요. • 아이는 "엄마 놀아주셔서 감사합니다."라고 인사하고 엄마는 "엄마랑 놀아줘서 고마 워."라고 말하고 안아줘요.	

키친타월 놀이

준비물	키친타월, 바구니	6월

시작해요

- '엄마하고 나하고' 노래를 부르며 손유희를 해요.
  ♬ 엄마하고 나하고 닮은 곳이 있대요.
  엄마하고 나하고 닮은 곳이 있대요.
  눈 땡 코 땡 입 딩동댕!

활동해요

① 키친타월로 까꿍 놀이를 해요.
  * 6, 7세 아이들과 할 때는 키친타월로 얼굴을 가린 뒤 재미있는 표정을 보여주어 '엄마 표정 따라하기' 활동을 하면 좋아요.
② 키친타월을 하나씩 나누어 가진 뒤 '땡' 소리가 나면 찢고, '얼음' 하면 멈춰요.
  * 3장 정도 진행하세요.
③ 하나둘셋 구령에 맞춰 찢은 키친타월을 위로 날려요.
④ 엄마가 키친타월을 두 손으로 평평하게 잡아요.
⑤ 엄마의 "하나, 둘, 셋" 구령에 맞춰 아이가 주먹으로 키친타월을 치게 해요.
  * "와우", "힘센데"라는 반응을 보여주면 아이들이 좋아 해요.
⑥ "이번엔 키친타월로 어떤 놀이를 해볼까?"라고 물어본 뒤 아이가 생각한 새로운 키친타월 놀이를 해요.

정리해요

- 바닥에 떨어진 키친타월을 바구니에 정리해요.
  * 평소에 좋아하는 동요를 부르며 노래가 끝나기 전까지 바구니에 넣어주세요.
- 아이는 "엄마 놀아주셔서 감사합니다."라고 인사하고 엄마는 "엄마랑 놀아줘서 고마워."라고 말하고 안아줘요.

솜공 놀이

준비물	솜공(탈지면을 잘라 돌돌 말아서 풀로 붙이기) 10개, 바구니	6월
시작해요	• 엄마 무릎에 아이를 앉히고 손바닥을 펴게 해요. • 엄마가 먼저 아이 손바닥의 손금을 만지고, 그다음 아이가 엄마 손바닥의 손금을 만져요.	

활동해요	① 솜공으로 엄마가 먼저 엄마의 신체를 터치해요.
	    (손→볼→턱→귀→이마)
	 ② 솜공으로 아이가 아이의 신체를 터치해요.
	    (손→볼→턱→귀→이마)
	 ③ 엄마와 아이가 엎드린 뒤 양 손을 잡아요.
	 ④ 가운데 솜공을 놓고 번갈아 가며 불어요.
	 ⑤ 솜공 10개를 바닥에 내려놓아요.
	 ⑥ 솜공을 잡아 가슴 아래로 던지며 솜공 눈싸움을 해요.
	 ⑦ '땅' 하면 시작하고 '얼음' 하면 멈춰요.
	    * 구령은 엄마와 아이가 번갈아서 해요.	

정리해요	• 솜공을 바구니에 골인시켜 정리해요. • 아이는 "엄마 놀아주셔서 감사합니다."라고 인사하고 엄마는 "엄마랑 놀아줘서 고마워."라고 말하고 안아줘요.	

풍선 놀이

준비물	풍선, 의자, 스타킹을 씌운 옷걸이, 동요	7월
시작해요	• '벌이 윙윙윙' 노래를 부르며 손유희를 해요. ♬ 벌이 윙윙윙 벌이 윙윙윙 벌 한 마리가 콕! 아야야 벌이 윙윙윙 벌이 윙윙윙 벌 두 마리가 콕콕! 아야야 벌이 윙윙윙 벌이 윙윙윙 벌 세 마리가 콕콕콕! 아야야 벌이 윙윙윙 벌이 윙윙윙 벌 영 마리가 (손을 무릎에)	
활동해요	① 풍선을 다리 사이에 끼운 뒤 걸어서 의자를 돌아와요. ② 풍선을 다리 사이에 끼운 뒤 콩콩 뛰어서 의자를 돌아와요. * 신나는 음악과 함께 해보세요. ③ 스타킹을 씌운 옷걸이를 하나씩 들고 풍선을 쳐요. * 세탁소 옷걸이를 마름모 모양으로 한 뒤 헌 스타킹을 끼워주세요. ④ 숫자를 세면서 풍선을 쳐요. ⑤ 동요 한 곡이 끝날 때까지 풍선을 쳐요. ⑥ "이번엔 풍선으로 어떤 놀이를 해볼까?"라고 물어본 뒤 아이가 생각한 새로운 풍선 놀이를 해요.	
정리해요	• 엄마와 아이가 풍선을 사이에 두고 안으면서 풍선을 터트려요. • 아이는 "엄마 놀아주셔서 감사합니다."라고 인사하고 엄마는 "엄마랑 놀아줘서 고마워."라고 말하고 안아줘요.	

수박 놀이

준비물	수박, 수박 씨앗, 신문지	7월

시작해요	• '수박' 노래를 부르며 손유희를 해요.
	♬ 커다란 수박 하나 잘 익었나 통통통 단숨에 쪼개니 속이 보이네
	  몇 번 더 쪼갠 후에 너도 나도 들고서 우리 모두 하모니카 신나게
	  불어요 쓱쓱 쓱쓱쓱 싹싹 싹싹싹 쓱쓱 쓱쓱쓱 쓱쓱 싹싹 쓱	

활동해요	① 아이와 엄마가 마주보고 앉아요. ② 수박을 굴려 엄마와 아이가 주고받아요. ③ 수박을 잘라서 맛있게 먹어요. ④ 신문지를 적당한 크기로 잘라 바닥에 놓아요. ⑤ 수박을 먹다가 수박씨가 나오면 수박씨를 불어서 신문지 까지 날려요. ⑥ 신문지 주변에 떨어진 수박씨는 엄지와 검지로 튕겨서 신문지 안으로 넣어요.	
정리해요	• 주변에 떨어진 수박씨를 주워서 신문지에 놓아요. • 신문지를 돌돌 말아서 정리해요. • 아이는 "엄마 놀아주셔서 감사합니다."라고 인사하고 엄마는 "엄마랑 놀아줘서 고마워."라고 말하고 안아줘요.	

얼음 놀이

준비물	칵테일 얼음, 숟가락, 비닐 팩, 김장봉투, 투명 테이프, 수건	8월

시작해요	• '숫자노래'를 부르며 손유희를 해요.
	 ♫ 일은 랄랄라 하나이구요 이는 랄랄라 둘이구요
	    삼은 랄랄라 셋이구요 사는 랄랄라 넷이구요
	    오는 랄랄라 다섯이구요 육은 랄랄라 여섯이구요
	    칠은 일곱 팔은 여덟, 구는 아홉,
	    십은 열. 일 이 삼 사 오 육 칠 팔 구 십!	

활동해요	① 냉동실에 얼린 칵테일 얼음을 꺼내 하나씩 먹어요.
	   * 얼음을 먹은 느낌은 어떤지 이야기해요.
	② 칵테일 얼음을 비닐 팩에 넣고 얼음이나 물이 빠져 나오지 않도록 묶어요.
	③ 얼음 팩을 들고 가슴–배–다리–발–발바닥–팔–목 –얼굴–머리를 시원하게 마사지
	   해줘요.
	   * 엄마와 아이가 번갈아서 해줘요.
	④ 칵테일 얼음을 김장 봉투에 넣어요.
	⑤ 얼음이나 물이 빠져 나오지 않도록 투명 테이프로 김장 봉투 입구를 바닥에 붙여요.
	⑥ 얼음주머니 위에 올라가서 걸어요.
	⑦ 얼음주머니 위에 누워요.
	⑧ "이번엔 얼음으로 어떤 놀이를 해볼까?"라고 물어본 뒤 아이가 생각한 새로운 얼음
	   놀이를 해요.	

정리해요	• 얼음 놀이를 한 느낌이 어땠는지 이야기 나눠요. • 놀이했던 물건들을 제자리에 정리해요. • 아이는 "엄마 놀아주셔서 감사합니다."라고 인사하고 엄마는 "엄마랑 놀아줘서 고마 워."라고 말하고 안아줘요.	

선풍기 놀이

준비물	선풍기, 신문지	8월

시작해요	• '도깨비 뿔' 노래를 부르며 손유희를 해요. ♫ 올라간 머리 내려온 머리 빙글빙글 돌려서 도깨비 뿔 올라간 눈 내려온 눈 빙글빙글 돌려서 여우 눈 올라간 코 내려온 코 빙글빙글 돌려서 돼지 코 올라간 입 내려온 입 빙글빙글 돌려서 붕어 입 올라간 귀 내려온 귀 빙글빙글 돌려서 원숭이 귀 올라간 손 내려온 손 빙글빙글 돌려서 예쁜 손
활동해요	① 선풍기 앞에 앉아서 선풍기 사용하는 방법을 알려줘요. ② 선풍기를 켜고 "우~~~~"하고 소리를 길게 내요. * 아이와 엄마가 번갈아 가면서 소리를 내요. * '아–어–오–으–이'등 소리를 바꿔보세요. ③ 소리가 어떻게 들렸는지 이야기해요. ④ 선풍기를 켜고 엄마에게 하고 싶은 말, 아이에게 하고 싶은 말을 번갈아 해요. ⑤ 들은 말을 서로 이야기해요. ⑥ 아이가 좋아하는 노래를 선택하여 선풍기 앞에서 불러요. ⑦ 엄마가 좋아하는 노래를 선택하여 선풍기 앞에서 불러요. ⑧ 신문지 1장을 길게 찢어요. ⑨ 선풍기를 켜고 찢은 신문지를 날려요. * 바람세기에 따라 신문지가 어떻게 날아가는지 관찰해요.
정리해요	• 선풍기를 끄고 정리해요. • 선풍기 놀이를 한 느낌이 어땠는지 이야기 나눠요. • 아이는 "엄마 놀아주셔서 감사합니다."라고 인사하고 엄마는 "엄마랑 놀아줘서 고마워."라고 말하고 안아줘요.

수건 놀이

준비물	수건, 체조음악	9월
시작해요	• '머리, 어깨, 무릎, 발' 노래를 부르며 수건으로 닦는 흉내를 내요. ♫ 머리 어깨 무릎 발 무릎 발 머리 어깨 무릎 발 무릎 발 무릎 머리 어깨 발 무릎 발 머리 어깨 무릎 귀 코 귀	
활동해요	① 수건을 천장을 향해 던지고 받아요. ② 엄마와 아이가 간격을 두고 마주앉아 번갈아가며 수건을 던지고 받아요. ③ 엄마가 두 팔을 벌려 손을 잡으면 아이가 수건을 그 속으로 던져 넣어요. ④ 무릎 사이에 수건을 끼고 걸어요. ⑤ 수건을 반으로 접어요. ⑥ 아이가 수건 위에 앉아요. ⑦ 엄마가 아이의 양 손을 잡고 썰매를 태워줘요. ⑧ "수건으로 또 어떤 놀이를 해볼까?"라고 질문한 뒤 아이가 이야기하는 새로운 수건 놀이를 해요.	
정리해요	• 체조 음악에 맞추어 수건 체조를 해봐요. * 엄마가 하는 체조 동작을 아이가 따라해요. * 아이가 하는 체조 동작을 엄마가 따라해요. • 아이는 "엄마 놀아주셔서 감사합니다."라고 인사하고 엄마는 "엄마랑 놀아줘서 고마워."라고 말하고 안아줘요.	

칸쵸 과자 놀이

준비물	칸쵸, 쿠킹호일	9월
시작해요	• 엄마와 아이가 함께 칸쵸 10개를 하나씩 쿠킹호일에 싸요. • 엄마가 쿠킹호일에 싼 칸쵸를 손바닥에 놓고 주먹을 쥔 채로 아이에게 보여줘요. • "○○야, 주먹 안에 칸쵸가 몇 개 들어있을까?"라고 아이에게 퀴즈를 내요. • 아이가 칸쵸를 손바닥에 놓고 주먹을 쥔 뒤 "엄마, 주먹 안에 칸쵸가 몇 개 들어있을 까요?"라고 엄마에게 퀴즈를 내요.	
활동해요	① 아이의 등 뒤에 엄마가 앉아요. ② 아이의 눈을 감게 한 뒤 엄마가 쿠킹호일에 싼 칸쵸를 엄마의 몸에 숨겨요. 　* 엄마의 옷을 이용해서 숨기는데 찾기 쉬운 곳에 숨겨 주세요. ③ 다 감추면 아이는 눈을 뜨고 엄마가 숨긴 칸쵸를 찾아요. 　* 찾으면 엄마 앞에 칸쵸를 놓아요. ④ 다 찾은 칸쵸는 '엄마 하나, 나 하나, 엄마 하나, 나 하나' 하면서 똑같이 나누어 가져요. ⑤ 똑같이 나눈 칸쵸 중 하나를 선택해 쿠킹호일을 벗겨요. ⑥ 아이가 먼저 "엄마, 맛있게 드세요."라고 말하며 엄마 입속에 쏙 넣어줘요. 　* 엄마는 "○○야, 고마워!"라고 말해요. ⑦ 엄마가 "사랑하는 ○○야, 맛있게 먹어."라고 말하며 아이의 입속에 넣어줘요. 　* 아이는 "엄마, 감사합니다."라고 말해요. ⑧ 위와 같은 방법으로 맛있게 나누어 먹어요.	
정리해요	• 칸쵸를 싼 호일을 모아 공으로 만들어 정리해요. • 아이는 "엄마 놀아주셔서 감사합니다."라고 인사하고 엄마는 "엄마랑 놀아줘서 고마 워."라고 말하고 안아줘요.	

밀가루 반죽 놀이

준비물	밀가루 반죽 (아이와 함께 반죽해요) (하루 전에 반죽해 비닐팩에 담아 냉장고에 넣어 놓아요.)	10월
시작해요	• '웃음 친구' 노래를 부르며 손유희를 해요. 　♬ 웃음친구 올라간다.　　　웃음 친구 내려간다. 　　하(내 손뼉) 하(마주치기)　　헤헤헤(내 손뼉) 헤헤헤(마주치기) 　　하하　　　하하　　　　　헤헤　　　　헤헤 　　하하하　　하하하　　　　헤　　　　　헤	
활동해요	① 밀가루 반죽을 나누어 가져요. ② 반죽을 주무르며 아이가 좋아하는 동요를 불러봐요. 　* 짧은 동요가 좋아요. ③ 아이 손바닥만큼, 엄마 손바닥만큼 길게 늘여요. ④ 엄마는 아이 손에, 아이는 엄마 손에 반지나 팔지를 만들어 끼워주세요. ⑤ 반죽을 모두 뭉쳐 거실 바닥에 펼쳐요. ⑥ 반죽 위에다 엄마 손바닥과 아이 손바닥을 찍어요. ⑦ 서로 마주보고 앉은 뒤 가운데 밀가루 반죽을 동글납작하게 뭉쳐놓아요. ⑧ 반죽 가운데를 엄마와 아이가 같이 손가락으로 찔러서 만나요. 　* 다섯 손가락 모두 만나게 해주세요. ⑨ 밀가루 반죽으로 만들고 싶은 것을 만들어요.	
정리해요	• 아이와 마주보고 손을 잡고 밀고 당겨봐요. 　* 노래를 부르며 밀고 당겨보세요. • 아이는 "엄마 놀아주셔서 감사합니다."라고 인사하고 엄마는 "엄마랑 놀아줘서 고마 　워."라고 말하고 안아줘요.	

거울 놀이

준비물	건강한 몸, 스마일 스티커 10개	10월

| 시작해요 | • 스마일 스티커 놀이를 해요.
　* 스마일 스티커를 5개씩 나눠 가져요.
　* 아이는 엄마의 얼굴과 몸에 스마일 스티커를 붙여요.
　* 엄마는 아이의 얼굴과 몸에 스마일 스티커를 붙여요.
　* 엄마가 아이의 몸에 붙어 있는 스마일 스티커를 누르면 아이는 웃어요.
　　(한 번 누르면 한 번 웃고, 두 번 누르면 두 번 웃어요. 계속 누르고 있으면 손가락을 뗄 때까지 계속
　　웃어요.)
　* 아이가 엄마의 몸에 붙어 있는 스마일 스티커를 누르면 엄마는 웃어요. |

| 활동해요 | ① 엄마와 아이가 서로 마주보고 앉아요.
② 엄마가 움직이는 대로 아이도 똑같이 움직여봐요.
　* 얼굴 표정을 바꾸거나 몸을 많이 사용해서 움직여요.
　* 재미있는 동작을 만들어요.
③ 반대로 아이가 움직이는 대로 엄마도 똑같이 따라해봐요.
④ '나처럼 해봐요' 노래를 부르며 응용해봐요.
　♬ 졸릴 땐 이렇게 해봐요 "아 졸려"
　　놀랄 땐 이렇게 해봐요 "앗" |

| 정리해요 | • 엄마는 아이에게, 아이는 엄마에게 귓속말로 하고 싶은 말들을 해봐요.
• 아이는 "엄마 놀아주셔서 감사합니다."라고 인사하고 엄마는 "엄마랑 놀아줘서 고마
워."라고 말하고 안아줘요. |

베개 놀이

준비물	베개, 동요	11월
시작해요	• '찌개박수' 손동작을 해요. ♬ 지글 지글 짝짝 보글 보글 짝짝 　지글 짝 보글 짝 지글 보글 짝짝	
활동해요	① 아이와 엄마가 베개를 하나씩 나누어 가진 뒤 신호에 맞추어 던져요. 　* 누가 멀리 던졌는지 알 수 있도록 같은 출발점에서 던지세요. ② 엄마와 아이가 베개를 공처럼 주고받아요. 　* 신나는 음악을 틀어놓고 노래가 끝날 때까지 해보세요. ③ 집 안의 베개를 전부 꺼내 성처럼 쌓아봐요. 　* 아이가 혼자 쌓기는 쉽지 않으므로 엄마가 함께 베개를 쌓아주세요. ④ "베개로 어떤 놀이를 해볼까?" 라고 질문한 뒤 아이가 생각한 새로운 베개놀이를 　해요.	
정리해요	• 아이를 베개에 앉힌 뒤 엄마가 베개를 끌어주며 하나씩 정리해요. • 아이는 "엄마 놀아주셔서 감사합니다."라고 인사하고 엄마는 "엄마랑 놀아줘서 고마 　워."라고 말하고 안아줘요.	

공 놀이

준비물	튼튼한 몸, 공, 의자, 보자기, PET병 10개, 음악	11월
시작해요	• 엄마와 아이의 몸 중 상처 난 곳이 있는지 찾아봐요. • 상처 난 곳이 있으면 서로 호오~ 불어줘요.	
활동해요	① 엄마와 아이가 발을 벌린 채 마주 보고 앉아요. ② 양 발을 벌린 채 공을 굴려 주고받아요. ③ 점점 거리를 멀리하면서 주고받아요. ④ 공을 엄마와 함께 배, 가슴, 얼굴 중에 원하는 곳을 이용해서 떨어뜨리지 않고 의자를 돌아와요. ⑤ 보자기 위에 공을 올려놓고 공이 떨어지지 않도록 엄마와 함께 보자기를 잡고 의자를 돌아와요. ⑥ PET병을 볼링 핀처럼 세워요. ⑦ 공을 이용하여 볼링 놀이를 해요. ⑧ "공으로 어떤 놀이를 해볼까?" 라고 질문한 뒤 아이가 생각한 새로운 공놀이를 해요.	
정리해요	• 공, 의자, 보자기, PET병을 제자리에 정리해요. • 엄마가 바닥에 엎드려 누워요. • 아이가 엄마의 등에 올라가서 마사지해요. * 아이는 엄마의 등에서 균형을 잡기 위해 신경 쓰는데 그 과정에서 스킬이 생겨요. 신나는 음악과 함께 하면 더욱 좋아요. • 아이는 "엄마 놀아주셔서 감사합니다."라고 인사하고 엄마는 "엄마랑 놀아줘서 고마워."라고 말하고 안아줘요.	

뻥튀기과자 놀이

준비물	동그란 뻥튀기과자, 접시, 산적꽂이	12월
시작해요	• '핫도그 아저씨' 노래를 부르며 손유희를 해요. ♫ 핫도그 아저씨 핫도그 주세요. 작은 것 말고 큰 걸로 주세요. 열 개만 빨리 주세요. 케첩도 뿌려 주세요. 찌익! ＊ '산 할아버지' 노래에 맞추어 부르면 돼요. ＊ '핫도그 아저씨'를 '호떡 아줌마'나 '햄버거 아저씨'로 바꿔서 불러 봐요.	
활동해요	① 동그란 뻥튀기과자를 공중으로 날리고 잡아요. ② 아이가 뻥튀기과자를 공중으로 날리면 엄마가 잡아요. ＊ 엄마의 신호에 맞추어 활동하세요. ③ 엄마가 뻥튀기과자를 공중으로 날리면 아이가 잡아요. ④ 엄마와 아이가 뻥튀기과자를 하나씩 나누어 가져요. ⑤ 네모 모양을 만들며 먹어요. ⑥ 세모 모양을 만들며 먹어요. ⑦ 동그라미 모양을 만들며 먹어요. ⑧ 반달 모양을 만들며 먹어요. ⑨ 뻥튀기 과자를 접시에 올려놓고 산적꽂이를 이용해 얼굴을 만들어요. ⑩ 뻥튀기 과자로 만든 얼굴을 자기 얼굴에 대봐요. ⑪ 뻥튀기 얼굴을 맛있게 먹어요.	
정리해요	• '아, 맛있다.' 말하면서 배를 톡톡 두드려요. • 아이는 "엄마 놀아주셔서 감사합니다."라고 인사하고 엄마는 "엄마랑 놀아줘서 고마워."라고 말하고 안아줘요.	

이불 놀이 2

준비물	이불, 의자 4개	12월
시작해요	• '악어 떼' 노래를 부르며 동작으로 표현해요. 　♫ 정글 숲을 기어서 가자 엉금엉금 기어서 가자 　　늪지대가 나타나면은 악어 떼가 나온다 (악어 떼) 　　* 이불을 바닥에 깔고 그 주변을 기어가면서 노래 불러보세요.	
활동해요	① 이불을 바닥에 깔아요. ② 아이의 얼굴이 이불에 가리지 않게 눕혀요. ③ 아이를 간지럽히며 김밥 재료를 말해요. 　* 당근, 단무지, 햄, 시금치, 우엉, 계란 등 ④ 아이를 김밥 말듯이 이불로 돌돌 말아요. ⑤ 아이를 다시 풀어주고 안아줘요. ⑥ 의자 네 개를 이불 넓이만큼 떨어지게 놓은 뒤 이불을 덮어 이불 터널을 만들어요. ⑦ 몸을 엎드려서 이불 터널을 통과해요. ⑧ 천장을 보고 바로 누워서 이불 터널을 통과해요. ⑨ 악어처럼 기어서 이불 터널을 통과해요. 　* 아이가 이불 터널을 통과하면 꼭 안아주세요.	
정리해요	• 아이와 함께 이불 끝을 잡고 정리해요. • 아이는 "엄마 놀아주셔서 감사합니다."라고 인사하고 엄마는 "엄마랑 놀아줘서 고마워."라고 말하고 안아줘요.	

10분 놀이 촬영을 마친 후 :

원　　장 : 얘들아, 오늘 일일 엄마(원장)와 함께 한 놀이 어땠어요?

아이들 : 재미있었어요. 신났어요. 좋았어요.

원　　장 : 그랬어요! 어떤 놀이가 가장 재미있었어요?

박○○ : 꼬깔콘 과자 놀이요.

추○○ : 로션놀이요.

남○○ : 카나페 만들어 먹기요.

조○○ : 이불놀이요.

원　.장 : 오늘처럼 집에서 진짜 엄마, 아빠랑 놀이하면 어떨까요?

아이들 : 재미있을 것 같아요. 신날 것 같아요. 엄마랑 놀이 했으면 좋겠어요.

원　　장 : 그럼 집에서도 엄마, 아빠랑 놀이하면 좋겠다. 오늘 일일 엄마랑 놀아줘서
　　　　　 고마워요~

　　　　　 얘들아, 배고프죠. 뭐 먹을까요?

추○○ : 짜장면이요.

조○○ : 탕수육도요.

원　　장 : 그래. 우리 짜장면 먹으러 가자.

박○○ : 시켜 먹으면 안 돼요? 여기서 더 놀다 가고 싶어요.

원　　장 : 그럼, 배달시켜 먹을까요?

아이들 : 네~~~~~

추천도서 리스트

1. 엄마를 위한 추천도서

영유아의 부모 STEP / 돈 딩크마이어 저, 창지사(2012)

아이는 성공하기 위해 태어난다 / 뮤리엘 제임스, 도로시 종그워드 공저, 샘터사
  (2005)

엄마가 1% 바뀌면 아이는 100% 바뀐다 / 홍양표 저, 와이즈브레인(2014)

못 참는 아이, 욱하는 부모 / 오은영 지음, 코리아닷컴(2016)

가르치고 싶은 엄마, 놀고 싶은 아이 / 오은영 저, 웅진리빙하우스(2013)

아이가 나를 미치게 할 때 / 에다 레샨 저, 푸른육아(2008)

천일의 눈맞춤 / 이승욱 지음, 휴(2016)

고마워, 내 아이가 되어줘서 / 권복기, 이승욱 등저, 북하우스(2015)

아이의 모든 인생은 가정에서 시작된다 / 래리 C. 해리스 저, 다산에듀(2008)

나쁜 아이는 없다 / 강지원 저, 삼진기획(1998)

내 아이를 위한 감정 코칭 / 조벽, 존 가트맨, 최성애 공저, 한국경제신문(2011)

엄마학교에 물어보세요: 영유아편, 초등학생편 / 서형숙 저, 리더스북(2012)

개로 길러진 아이 / 브루스 D. 페리, 마이아 샬라비츠 공저, 민음인(2011)

아이의 자기조절력 / 이시형 저, 지식채널(2013)

아이의 자존감 / 정지은, 김민태 공저, 지식채널(2011)

아이의 사생활 1, 2 / EBS 〈아이의 사생활 2〉 제작팀 저, 지식채널(2016)

아이의 사회성 / 이영애 저, 지식채널(2012)

놀이의 반란 / EBS 〈놀이의 반란〉 제작팀 저, 지식너머(2013)

크게 될 아이는 부모의 습관이 다르다 / 허영림 저, 아주좋은날(2012)

엄마의 관심만큼 자라는 아이 / 박수성 저, 다산에듀(2008)

아이의 행복 키우기 / 크리스틴 카터 저, 물푸레(2010)

부모 코칭 / 우수명, 폴 정 공저, 아시아코치센터(2007)

부모 코칭이 아이의 미래를 바꾼다 / 전경일, 이민경 공저, 행복한나무(2009)

0~7세, 결정적 시기를 놓치지 마라 / 전병호 저, 아주좋은날(2013)

3세와 7세 사이 / 김정미 저, 예담Friend(2010)

마더 쇼크 / EBS 〈마더쇼크〉 제작팀 편, 중앙북스(2012)

독이 되는 칭찬 약이 되는 꾸중 / 김해경 저, 꿈동산(2012)

부모 역할, 연습이 필요하다 / 조무아 저, 깊은나무(2014)

머리가 좋아지는 아이 밥상의 모든 것 / 이유명호 저, 웅진지식하우스(2010)

칭찬과 꾸중의 힘 / 상진아 저, 랜덤하우스코리아(2008)

이젠 세계인으로 키워라 / 박하식 저, 글로세움(2006)

이젠 이야기로 가르쳐라 / 김숙희 저, 꿈이있는세상(2005)

아이를 가슴으로 키우는 69가지 방법 / 조미현 편, 책이있는마을(2013)

스칸디 부모는 자녀에게 시간을 선물한다 / 황선준, 황레나 공저, 위즈덤하우스
　　(2013)

내 인생에 힘이 되어준 한마디 / 정호승 저, 비채(2006)

내 인생에 용기가 되어준 한마디 / 정호승 저, 비채(2013)

마음을 열어주는 101가지 이야기 전3권 / 잭 캔필드, 마크 빅터 한센 공저, 인빅
　　투스(2012)

마음에 새겨두면 좋은 글 139 / 박은서 저, 새론북스(2011)

아이를 크게 키우는 말 VS 아프게 하는 말 / 정윤경, 김윤정 공저, 덴스토리(2016)

세상을 움직이는 100가지 법칙(신간: 거의 모든 세상의 법칙) / 이영직 저, 스마트
　　비즈니스(2009)

이 시대를 사는 따뜻한 부모들의 이야기 1, 2 / 이민정 저, 김영사(2008)

탈무드 / 이동민 역, 인디북(2001)

2. 영유아를 위한 추천도서(0~3세)

어딨지? 요깄지! / 김주현 글, 강근영 그림, 마루벌(2016)

부리 부리 무슨 부리 / 천지현, 이우만, 정지윤 그림, 보리(2016)

누구게? / 최정선 글, 이혜리 그림, 보림(2016)

문혜진 시인의 의성어 말놀이 동시집 / 문혜진 글, 정진희 그림, 비룡소(2016)

문혜진 시인의 의태어 말놀이 동시집 / 문혜진 글, 정진희 그림, 비룡소(2016)

꿈틀꿈틀 / 김이구 글, 김성희 그림, 창비(2016)

똑 닮았어 / 김선영 글, 한병호 그림, 키위북스(2016)

똑똑똑! 엄마야! / 강우근, 나은희 공저, 한권의책(2017)

알록달록 카멜레온 / 아니타 베이스테르보스 지음, 키즈엠(2016)

네가 만들어 갈 경이로운 인생들 / 에밀리 윈필드 마틴 지음, 레드스톤(2016)

로지의 병아리 / 팻 허친스 지음, 봄볕(2016)

똑똑 누구세요 / 샐리 그랜들리 글, 앤서니 브라운 그림, 웅진주니어(2015)

모자가 좋아 / 손미영 저, 천개의바람(2016)

작은 물고기 / 문종훈 저, 한림출판사(2016)

채소가 좋아 / 이린하애 글, 조은영 그림, 길벗어린이(2016)

채소 이야기 / 박은정 저, 보림(2016)

먹고 말 거야 / 정주희 저, 책읽는곰(2016)

나는 물 / 조반니 무나리 저, 키즈엠(2016)

점 / 피터 H. 레이놀즈 지음, 문학동네어린이(2003)

안아 줘! / 제즈 앨버로우 저, 웅진주니어(2000)

3. 영유아를 위한 추천도서(4~7세)

왜요? / 린제이 캠프 글, 토니 로스 그림, 베틀북(2002)

동생이 태어날 거야 / 존 버닝햄 글, 헬린 옥슨버리 그림, 웅진주니어(2010)

윌리와 휴 / 앤서니 브라운 저, 웅진주니어(2003)

터널 / 앤서니 브라운 저, 논장(2002)

안 돼, 말리! / 존 그로건 글, 리처드 코드리 그림, 주니어RHK(2007)

안 돼, 데이빗! / 데이빗 섀논 저, 지경사(1999)

소피가 화나면 정말정말 화나면 / 몰리 뱅 저, 책읽는곰(2013)

겁쟁이 빌리 / 앤서니 브라운 저, 비룡소(2006)

진짜 동생 / 제랄드 스테르 글, 프레데릭 스테르 그림, 바람의아이들(2004)

따로 따로 행복하게 / 배빗 콜 저, 보림(1999)

나비 엄마의 손길 / 크리스티앙 볼츠 저, 한울림어린이(2008)

우리 할아버지 / 존 버닝햄 저, 비룡소(1995)

슬플 때도 있는 거야 / 미셸린느 먼디 글, R. W. 앨리 그림, 비룡소(2003)

세 친구 / 그웬 밀워드 저, 키즈엠(2015)

꼬물꼬물 꿈꾸는 애벌레 / 유영진 글, 김영호 그림, 웅진씽크하우스(2007)

오소리네 집 꽃밭 / 권정생 글, 정승각 그림, 길벗어린이(1997)

링링은 황사를 싫어해 / 고정욱 글, 박재현 그림, 미래아이(2009)

씨앗은 어디로 갔을까? / 루스 브라운 저, 주니어RHK(2014)

나무 하나에 / 김장성 글, 김선남 그림, 사계절(2007)

겨울눈아 봄꽃들아 / 이제호 저, 한림출판사(2008)

코를 킁킁 / 루스 크라우스 글, 마르크 시몽 그림, 비룡소(1997)

땅속 생물 이야기 / 오오노 마사오 글, 마츠오카 다츠히데 그림, 진선북스(2001)

무슨 일이든 다 때가 있다 / 레오 딜런, 다이앤 딜런 공저, 논장(2004)

난 토마토 절대 안 먹어 / 로렌 차일드 저, 국민서관(2007)

공원에서 일어난 이야기 / 앤서니 브라운 저, 삼성출판사(2016)

내가 만난 꿈의 지도 / 유리 슐레비츠 저, 시공주니어(2008)

그래도 엄마는 너를 사랑한단다 / 이언 포크너 저, 베틀북(2013)

달 사람 / 토미웅거러 저, 비룡소(1998)

꽃을 좋아하는 소 페르디난드 / 먼로 리프 글, 로버트 로슨 그림, 비룡소(1998)

그건 내 조끼야 / 나카에 요시오 저, 우에노 노리코 그림, 비룡소(2008)

나무하고 친구하기 / 퍼트리셔 로버 저, 비룡소(1999)

내가 태어났을 때 / 이자벨 미뇨스마르띵스 글, 마달레나 마또주 그림, 봄뱅크
　　(2013)

멀리 더 멀리 가까이 더 가까이 / 르네 메틀러 글그림, 스푼북(2016)

송아지의 봄 / 고미타로 저, 비룡소(2003)

에르크의 햇빛 의자 / 올리버 베니게스 저, 계림북스(2002)

사랑하는 내 친구들 / 게르트 하우케 글, 바바라 트레스카티스 그림, 시공주니어
　　(2003)

달을 먹은 아기 고양이 / 케빈 헹크스 글그림, 비룡소(2005)

해를 품은 씨앗에게 / 수잔 마리 스완슨 글, 마거릿 초도스어빈 그림, 시공주니어
　　(2008)

난 자동차가 참 좋아 / 마가릿 와이즈 브라운 글, 김진화 그림, 비룡소(2011)

세상에서 가장 큰 아이 / 케빈 헹크스 글, 낸시 태퍼리 그림, 비룡소(1999)

형보다 커지고 싶어 / 스티븐 켈로그 저, 비룡소(2008)

할아버지의 천사 / 유타 바우어 저, 비룡소 (2002)

엠마 / 웬디 케셀만 저, 느림보(2004)

일곱 마리 눈 먼 생쥐 / 에드 영 저, 시공주니어(1999)

강철 이빨 / 클로드 부종 저, 비룡소(2003)

친구랑 싸웠어 / 시바타 아이코 글, 이토히데오 그림, 시공주니어(2006)

앵무새 열 마리 / 퀸턴 블레이크 저, 시공주니어(1999)

난 황금알을 낳을 거야 / 한나 요한젠 저, 문학동네 어린이(1999)

신기한 식물일기 / 크리스티나 비외르크 글, 레나 안데르손 그림, 미래사(2000)

꼬마 정원 / 크리스티나 비외르크 글, 레나 안데르손 그림, 미래사(1999)

눈을 감아 보렴 / 비토리아 페레스 에스크리바 글, 클라우디아 라누치 그림, 한울
림스페셜(2016)

비 오는 날 생긴 일 / 미라 긴스버그 저, 호세 아루에고, 아리앤 듀이 그림, 비룡소
(2002)

모네의 정원에서 / 크리스티나 비외르크 글, 레나 안데르손 그림, 미래사(2000)

와! 신나는 세계 여행 / 마를렌 라이델 글그림, 책내음(2012)

참파노와 곰 / 야노쉬 글그림, 시공주니어(1998)

지구는 왜 똥으로 가득 차지 않을까? / 마츠오카 다츠히데 저, 비룡소(2015)

숲 속 재봉사의 꽃잎 드레스 / 최향랑 저, 창비(2016)

모냐와 멀로 – 가족이 된 고양이 / 김규희 저, 살림어린이(2016)

내 친구 로이는 혼자가 아니에요 / 소피 마르텔 글, 크리스틴 바뷔즈 그림, 상상스
쿨(2016)

아브라카다브라 봄의 마법 / 앤 시블리 오브라이언 글, 수잔 갈 그림, 키즈엠
(2016)

외뿔고래의 슬픈 노래 / 김진 글, 이주미 그림, 키즈엠(2016)